產後瑜伽

重塑體態美

王昕和兒子漠漠、女兒薩薩

目錄 CONTENTS

推薦序一

PREFACE PRE

快過年了，王昕給我打來電話，說兩個孩子自願跟姥姥去山東過年，她留在北京又可以幹點兒活兒了。我認識王昕，是從和她探討孕產婦能不能做瑜伽開始的，她是學過醫的，2004 年進入瑜伽行業，2007 年開始專攻孕產瑜伽，2010 年開始孕產瑜伽教學。從見到她的那一刻起，我就喜歡她了，她為人大方、熱情，工作認真、溫和、耐心，有現代女孩的時尚和美麗，又有傳統女孩的沉穩和優雅。和她接觸後，就看到了她的長着一頭卷毛、活潑可愛的兒子。不久她又生了女兒，兩個年齡相差不大的孩子給她增加了不少事務和勞作。她一邊工作，一邊管孩子，甚至生老二後，坐月子期間還安排了講課，工作安排得總是那麼多、那麼滿，我真心疼她。即使這樣，也沒有看到她絲毫懈怠，沒有聽到她訴苦，每次見到依然是高高興興、風風火火地在幹活兒，我被她打動了。

最近她又拿來寫的第一本書《產後瑜伽 重塑體態美》讓我寫序，我一輩子做婦幼保健，不十分懂瑜伽，我怕不能勝任想推辭，但她仍希望我來寫。翻看書稿，裏面的內容又一次打動了我，這是她工作的總結，生活的體會，真實、生動，有針對性，語言通俗明瞭，有時還有些隨意而談。書中不但講了孕產婦瑜伽，還講了一些婦幼保健知識；不但包含了產後瑜伽對人體美的重塑技巧，還涉及了心靈的提升，滿滿的正能量。本書看點很多，如「不做被孕產『綁架』的中國女性」、「女人如何活成自己想要的樣子」、「你真的會呼吸嗎？」、「產後瑜伽的有效性」、「調動你的內核心」、「腰腹恢復」等等，是一本有用的書，也是一本好看的書。

一個女人既要好好生，又要好好美，對婦幼保健來説是一個好的命題。一個女人變成媽媽是一次重大的蜕變，要成為健康、智慧、有愛心、有擔當的漂亮媽媽，需要付出努力，需要學習，不僅需要學習方方面面的知識和技能，還包含了學習如何和孩子一起成長。一旦目標明確，我們就勇往直前吧！

女人如歌，由自己作曲、自己演唱，不同的歌有不同的風格和味道，如歌的女人在不同的人生階段又有不同的歌，不同的美學享受，它將瀰漫在每一個家庭和每一個社會空間，甚至如潺潺溪流，在起伏跌宕中，帶着對美的近似永恆的追尋，裹入女人的情懷。

在人類生存發展長河中，對美與健康的追求，一直是女人耳畔一首永恆、動聽、優美的樂曲。在樂曲中律動，在樂曲中塑造形體美，這是王昕希望告訴讀者的。這本書，女人可以讀，她們的另一半也可以讀，一起提升對美學與健康的理解，想一想，都是一件十分快樂的事情。

中國婦幼保健協會副秘書長

宋嵐芹

2019年2月1日

推薦序二

響亮的美麗

PREFACE PRE

毫無疑問，在瑜伽的歷史長河裏，不乏女性習練者和成就者的身影。在一些瑜伽的神話傳説中，女性甚至往往就是某個瑜伽傳統流派的創始者之後的第一傳承人，例如希瓦（Siva）和他的妻子夏克提（Shakti）、耶納扶科亞（Yajnavalkya）與他的妻子噶姬（Gargi）等等。瑜伽並不存在對女性習練者的歧視，但對這些女性傳承者的詳細修持和傳承經歷則鮮有完整的記載。傳統觀念中，瑜伽一直作為人類（無論男女）共用的靈性修持、人文關懷、終極追問的可靠手段和道路，但其習練團體和傳承脈系，則主要保留在男性之中。

一個多世紀之前，瑜伽在印度還僅僅是某種古老的退藏於密的修行體系，哈達瑜伽幾乎淪為街頭展示的越來越少見的賣藝炫技。但經過諸多大師們的努力，瑜伽完美轉身，成功地完成了其現代化過程。瑜伽的現代化，真正在社會實踐層面上的實現，有賴於兩個方面的轉變。一是瑜伽從修行的學問與技術轉變成促進身心健康與保健的有利途徑，從服務於特定人群的靈性訴求轉向普羅大眾的健康需求。另一個轉變則來自女性瑜伽的興起，瑜伽習練者開始從以男性為主轉變為有越來越多的女性參與。真正意義上的女性瑜伽的出現，還僅僅不到90年的時間。女性瑜伽開始切切實實關注女性特有的生理特徵和生理階段，關注女性特有的擔負人類繼承和繁衍的特殊使命，包括瑜伽文化傳承的重任。瑜伽士尤金德拉（Sri Yogendra）把哈達瑜伽教給了他的夫人薩提· 黛薇（Sati Devi），後者於 1934 年左右寫出了第一本女性瑜伽的簡明指南。而現代瑜伽之父克裏希那瑪查亞（Krishnamacharya）於 1937 年左右完成了祖傳秘笈《瑜伽奧秘》（Yoga Rahasya）的文本重建。《瑜伽奧秘》相傳由 9 世紀傳奇瑜伽士那達牟尼（Nathamuni）所撰，有詳細的女性孕期瑜伽習練的指導。克裏希那瑪查亞在教學中明確地指出瑜伽對女性的重要性，以及女性對瑜伽的重要性，他極富遠見地認為：長遠而往，女性是瑜伽傳承和復興的重要力量。由此，瑜伽與女性之間就形成了互相成就、相得益彰的關係，而且這種關係隨着時間的推移，仍在不斷地磨合與發展中。同時，瑜伽更成為幫助女性實現意識覺醒、成就事業和人生的非常堅實可靠的自我激勵的夥伴。

女性瑜伽的推廣和傳播，頗具現代意義和時代價值。瑜伽特有的實踐性和實用性，使得它既契合科學理性，又屬文化教養；既具備哲學深度，又能夠撫慰心靈。由於以前無完備的體系可以借鑒，女性又往往是經濟文化、家族傳統、社會發展的綜合體現者，女性瑜伽就必然需要經過多年的觀察實踐、大面積的教學，通過不斷地修正，才能真正走向成熟。女性瑜伽理論和書籍的出現無不是源自深厚的實踐總結和提煉，不同的文化背景之下也

P R E F A C E P R E

會形成自己獨有的特色。

王昕老師傾注許多心血完成的作品，正是在這一大背景之下出現的富有中國特色的女性瑜伽書。王昕老師是國際孕產交流大會的創辦者，兩屆青年瑜伽大會的主講教師，也是諸多國際、國內瑜伽大會的主講者，是一位富有探索精神並富有成就的瑜伽老師。她為人熱情真誠，勤於學習和鑽研，胸懷大愛，富有奉獻精神，學員遍佈全中國。她還是一位優秀的母親。此書及其後續系列總結提煉了她十多年來的親身體驗和嚴謹負責的教學經驗，非常珍貴。通貫全書，文筆真摯坦誠，深入淺出，淺顯易懂。

瑜伽的魅力在於，無論你出於何種需求、因為何種原因邂逅它，你都會從中獲得益處。瑜伽，它讓我們從喧囂中保持寧靜，於炙熱中尋得一份清涼，於貧瘠中獲取豐富，於平凡中獨步自在。它幫助我們內在自如平定，收放有度，雍容面對浮世不斷的流變。「瑜伽是女性的瑰寶。」吉塔·艾揚格大師說。

願王昕老師的書帶給你自我突破、破繭成蝶的力量。願它為你的幸福人生助力，願它成為你每一個進步的階梯。

瑜伽教育者　聞風

2019年2月19日於浙江大學

推薦序三

讓她們永遠美麗下去

A C E P R E F A C E

算起來我跟王昕老師認識已有十餘個年頭了，是看着她從一個醫務工作者華麗轉身，一步一步成長為中國孕嬰協會大陸地區唯一授權培訓導師的見證人。她多年來專注於孕產瑜伽的教學和培訓，現在已經桃李滿天下。看到越來越多的孕產婦因她的幫助而獲益，我深深地為她的成就感到自豪。今天聽聞她在百忙之中，把自己多年來的孕產瑜伽教學培訓的經驗整理成書，分享給大家，讓更多的女性朋友受益，更是為她高興！善良會讓她更美麗！

每位女性都希望自己能有一個安全健康的孕產期。《奧義書》上說：「健康給生命長壽、堅實和力量，借此，整個塵世便變得豐富多彩。」健康是身與心的平和狀態，既不能通過金錢買到，也不能通過捷徑獲得，它是自身的一種修煉：科學飲食，適當鍛煉，身心平衡以及合理休息。

懷孕和生產是一個美好而艱辛的過程，會給女性的身體和心理帶來很大的衝擊。但正像王昕書中所說的那樣，懷孕是一個特殊的生理時期，不是一個病理時期，所以孕婦不是病人。很多孕婦都被當成大熊貓似的保護起來，吃得好、運動少，造成自己和寶寶營養都過剩，導致孕期出現高血壓或糖尿病等併

PREFACE PRE

發症，影響孕期安全和健康，甚至給孕婦後半生的健康留下隱患。許多媽媽產後不能科學坐月子，導致產後恢復不良。據統計，中國已婚已育女性中，45% 的人有不同程度的盆底功能障礙，輕則性生活不和諧、尿頻便秘，重則走路漏尿、腰酸背痛，更嚴重的甚至子宮脱垂。懷孕和生產過程中造成的盆底肌肉損傷未及時獲得修復，是出現這些問題的主要原因。另外，孕產婦由於體內激素水準和身體的變化，會產生一些情緒上的波動，會有焦慮、懷疑、自卑、沮喪、煩躁等不良情緒產生，如果不能及時排解這些不良情緒，也會危及孕期及產後的安全和健康。

孕期瑜伽練習可以帶來完美的身心平衡。孕期瑜伽會針對懷孕的身體做出針對性的訓練，有助於良好的消化、良好的血液循環和輕鬆的呼吸，有利於緩解孕期疲勞和精神緊張，有利於排出體內毒素，緩解生產時的疼痛。產後適時開始瑜伽練習，有利於子宮恢復到正常位置，促進受損的盆底肌肉和韌帶的彈性恢復，加快腹部肌肉的複位，減少脂肪囤積，恢復皮膚張力，減輕身體水腫，有利於新手媽媽體形的恢復，緩解產後焦慮情緒，促進母乳分泌，降低產後抑鬱症的發生概率。

A C E P R E F A C E

感謝王昕老師讓更多的女性能與孕產瑜伽相遇，讓她們有機會科學合理地管理自己的妊娠分娩和產後恢復，讓她們永遠健康美麗下去。

該書語言風趣幽默，通俗易懂，又不失醫學的嚴謹，難能可貴。

希望孕產瑜伽能幫助到更多的女性朋友！

北京協和醫院教授　楊文東

一切偉大的行動和思想，
都有一個微不足道的開始。
——阿爾貝·加繆
（Albert Camus）

自序

不做被孕產「綁架」的中國女性

ACE PREFACE

如果不是親自生兒育女，同時還是孕產瑜伽的老師，我從來沒有想過懷孕這件事有這麼多需要我們「注意」的地方。

我們常常聽到老一輩的媽媽們這麼說：「都是月子裏落下的病根兒！所以才會腰疼、手腕疼、肩膀疼、脊背疼，一到變天腿疼、渾身難受等等。」確實，以前的經濟和物質條件艱苦，很多媽媽們沒有辦法，顧不得冷熱，辛辛苦苦才能把我們拉扯大。可是現在，依然有這麼說或者這麼想的媽媽們，真的就是孕產的誤區了！

這樣的孕產過程，從備孕開始，貫穿整個孕期，到生完孩子，充滿了種種誤區：

備孕的，明明是兩個人生孩子，卻只見夫妻中一人為此事操勞，老婆吃藥、調理苦不堪言，老公卻「不得不」社交應酬，抽煙、喝酒一樣沒少。

懷孕後，女性幾乎就成了一個「廢人」，這也不讓幹，那也不讓幹，任務就是多吃、多喝、多睡，無條件哄着、寵着，同時——你變胖了，正常的，懷孕都這樣；你下肢浮腫，正常的，懷孕都這樣；你腰疼，正常的；腿疼，正常的；長妊娠紋了，正常的；漏尿，正常的。

「你真是辛苦了啊，生完孩子就好了呢！」

終於，生完孩子了，你卻慢慢發現，肚子怎麼還是那麼大，屁股

PREFACE PRE

怎麼還是那麼大，腿成了大象腿，腰疼、背疼、浮腫、妊娠紋、漏尿……這些都還在！

「哎呀，懷孕都這樣！生完孩子都這樣！」

於是，你萬念俱灰、怨氣叢生：都怪老公，要是不生孩子就不會這樣；都怪孩子，不然我還是少女身材……

就這樣一步步，不少中國女性走入了孕產的誤區，成了自己最討厭的那種人——眾多絮絮叨叨的怨婦之一。

即使一些有知識、有文化的「現代派」媽媽，也很難避開一些誤區，要做很多的鬥爭和嚴格自律：作為舌尖上的中國人，我們五千年的美食文化恨不得在孕期全部展現，各種山珍海味、十全大補湯誘惑着你。從備孕開始加強營養，到懷孕、到產後坐月子，你一直在吃吃吃，補補補。孕媽媽如果想控制體重，周圍幾乎都是反對的聲音，甚至會被指責：「懷孕了還減什麼肥啊，不能都為了自己！哪能自己不吃，讓孩子缺呢！」

這是最大的撒手鐧，但也是最錯誤的觀點，因為孩子真的不是這樣補的啊！

這些傳統習俗、生活理念和對待孕媽媽的方式，在長久的文化習慣和一代代婆婆媽媽們的念叨中，在為了省去麻煩的一些醫生的認可下，成了大行其道的觀念，甚至是大眾的共識。懷孕後就是辛苦的，生孩子就是鬼門關；懷孕後你就是會變胖、變醜，哺乳就是會導致胸下垂；生孩子後你就是會變邋遢，你就不能有自己的工作，不能有自己的生活……完全不對啊！

完全沒必要這樣的！

請記住第一個知識點：懷孕是生理時期，不是病理時期！

意思就是說，只要沒有醫療上認為不能運動的禁忌證，醫生沒有說你只能、必須、一定得躺着養胎，那麼你該做什麼還是可以做什麼的。實際上，所有的孕媽媽都應該活動的。

總聽人說：「腰疼啊？那你辛苦了！」——辛苦了？怎麼就不為你想想，腰疼，那應該做些什麼讓腰不疼呢？

懷孕了，就不能洗澡、刷牙、化妝、出去逛街？什麼年代了！

你腰疼、腿疼、腳疼、脊背疼、手腕疼，更多是不運動、不科學的飲食、不良的生活姿態造成的，是可以避免的！

現代的孕媽媽和寶寶們，營養過剩的遠遠大於營養缺乏的，媽媽超重、寶寶過大在生產和產後都是大問題，但這是可以避免的！

孕期肥胖附帶妊娠期併發症，高血壓、高血糖等導致「糖媽媽」「糖寶寶」，這是可以避免的！

妊娠紋、產後漏尿、產後性交痛等，都是可以預防的！

P R E F A C E P R E

母乳餵養不會導致胸下垂，錯誤的哺乳姿勢才會讓你胸下垂！母乳餵養反而是美胸、調胸的最佳時期！

產後肥胖，肚子、屁股上的贅肉減不下去，有可能是你腹直肌一直沒有閉合！

該控制體重的時候不控制，一生完卻希望立即恢復原樣，妊娠紋、腰背痛、糖尿病、腸胃疾病等，就是這麼來的！

醒醒吧！

知識改變命運，科學飲食、合理運動，孕媽媽的孕期就會舒服、順利很多！

我從2007年開始專門開設孕期瑜伽私教課，2010年開始做孕產瑜伽教學培訓，這十多年來，上過我孕產瑜伽私教課的孕婦很多，有的有運動習慣或者瑜伽基礎，也有的瑜伽零基礎或者完全沒有任何運動習慣。媽媽們帶着猶疑和忐忑來練習：行不行啊？安全不安全？

剛開始上孕婦的私教課時，只有一兩個孕媽媽來，她們在孕產瑜伽的幫助下，疼痛減少了，生產也順利，預防了身材的走形，產後健康地恢復了，做了媽媽也依然自信、美麗。她們的受益和變化，給了我堅持做下去的無限信心和動力。來的人慢慢增多。孕期來練習的媽媽們，產後也繼續來了，孕期瑜伽讓她們的日常生活和生產過程都順利了很多，不舒服的地方舒服了，確實比沒有練過的媽媽們少受罪。婦產科的大夫們也反饋，會正確呼吸和配合產程發力的媽媽們都是練過的，健康的體魄也讓她們更有力量去生產。在我們這裏堅持上孕期瑜伽課的孕媽媽們，順產率高達96%，99% 都成功預防了妊娠紋。

事實證明：行！安全的。

忐忑的媽媽們成了自信的媽媽們，產後及時的運動修復讓她們可以健康、快速地融入日常快節奏的生活，自信的她們成了健康的辣媽和身心輕盈的少女。

國人對瑜伽的認識，這些年也發生了很大的變化。大家開始知道瑜伽適合所有人。瑜伽的理念和太極有相通之處，它是一種身、心、靈相結合的運動，追求的是一個人身、心、靈整體的調和、穩定和健康。它增強伸展、力量、耐力，強化心肺功能，協調機體平衡。軟的人呢，要練得硬一點兒，要更有力量；硬的人呢，要練得伸展一點兒、柔韌一點兒——硬則不通，太硬的話經絡不通暢，反倒容易引起一些身體問題。

對於孕產瑜伽也是一樣的，大家逐漸知道走路、瑜伽和游泳是適合孕婦的運動，而專業的孕產瑜伽是在很安全的基礎上，讓每個孕媽媽去做該做的事。目前中國的剖宮產率遠高於世界衛生組織給出的15% 的警戒線。這幾年國家開始推廣順產，大家越來越認識到順產對孩子好、對媽媽也好，同時二胎政策放開，更多的高齡產婦出現。孕產瑜伽越來越流行，市場需求也越來越大，同時，對於安全的考量也越來越嚴格。

懷孕幾乎是每個女性都會經歷的時期，也是我們最沒有安全感的時期。幾乎所有的孕媽媽甚至包括家人都會充滿擔心，既要保證孕期安全，又想產後容易恢復，懷孕成了既甜蜜又憂慮的事情。

以中國的人口基數來說，孕期運動的人其實並沒有那麼多，有可能是習慣的問題，有可能是工作、生活壓力太大，有可能是時間的問題，更多的是知識、理念不夠。

而本書以我十多年來孕產瑜伽教學的經驗和數據為基礎，以我遇到的上萬名孕媽媽的需求和狀況為參照，從孕產的醫學知識開始講起，拓展到能幫助機體恢復的瑜伽體式。書中內容以孕婦安全為第一原則，針對中國孕媽媽的體質、需求和常見問題，更具有功能性和可操作性。

我們同為中國女性，大多都是要做或已經做媽媽的人，既要看見自己的勇敢和堅持，也要看見自己的懦弱和懶惰。據說第一個孩子生下來的前 3 年，對家庭關係來說是個考驗期，婆婆說這樣、媽媽說那樣，萬一爸爸或者公公再插嘴，而老公沒有任何意見，孕媽媽就得瘋。我們家是前 3 天就已經面臨這樣的考驗，媽媽和婆婆都有主意，而我更有主意，於是一個都沒少得罪……幸好我老公跟我學習孕產瑜伽多年，他堅定地站在了我這一邊。

希望每一位中國女性在孕產期這段可能孤獨難熬的時光裏，找到同伴，不辜負自己，也不辜負孩子，用科學的運動和健康的生活習慣武裝自己的身體和頭腦，擁有更舒服、更美麗的身體，能享受孕育生命的幸福時光，不做被孕產「綁架」的媽媽。

希望處於孕產階段的中國女性，為了母嬰健康，利用好這本工具書，保持健康的生活習慣，堅持科學的鍛煉。不要被社會或者家庭的錯誤觀念動搖，不要被老式的生活習慣和誘惑所限制，不要為自己的懶惰找藉口而把責任推給寶寶，不要因為生完孩子而自我打折，更不要成為怨念叢生的媽媽！

孕產期間遇到問題，要麼遵醫囑，要麼自己想想能做些什麼來解決它。

女本柔弱，為母則剛，用知識武裝自己，拒絕做被孕產「綁架」的中國女性。

前　言
女人如何活成自己想要的樣子

FOREWORD FORE

30歲的時候，我想要我的孩子，我也想要我的身材——身體是自己的，要盡情享用、盡興折騰！趁早把自己折騰成自己喜歡的樣子，會多高興很多年。

現在，我有了自己的孩子，雖然並沒有因為我是孕產瑜伽老師，生孩子就比別人簡單些——甚至還更困難，但因為我是孕產瑜伽老師，我的身材恢復，尤其骨盆的恢復，連骨科大夫都說好。

我們每個人第一次當媽媽都是沒有經驗的，孕期生活、產後生活也都是人生第一次，因為個體差異，遇到種種問題很正常。我生老大的時候難產，生老二的時候住院保胎，都非常不讓人省心。

我家老大漠漠，今年4歲了，是個健健康康的男子漢，但生他痛了我3天2夜。我羊水先破了，提前住院，生的時候沒羊水，醫生沒有辦法給我做自由體位，生產時用力過久子宮大出血……好不容易，孩子才生出來，我也因為大出血被搶救了一陣子才送回病房。

漠漠生下來7斤6兩多，有點兒大，生完後3天，我都沒有奶水。那時我們住在北京一個四合院的月子中心，孩子哭聲特別大，號哭了整整3天，全院都知道他有一個「冷酷無情」的親媽，奶水沒來，也不願意給孩子吃任何配方奶或者其他食物，就一直讓他「餓着」。

其實我和孩子都很煎熬。3天

裏，他哭，我就讓他嘬着我的乳頭哭，不管白天還是晚上，沒有奶也硬嘬，嘬完了再哭，哭累了睡，餓醒了繼續硬嘬……因為沒有奶水，他一直使勁兒嘬，我的乳頭都變黑了，周圍都是黑色的血泡，他一嘬我就疼到抽搐，不誇張，簡直比宮縮還要疼。但是孩子的吸吮和哭聲，會刺激媽媽的乳腺分泌奶水。體質不同，有些人開奶就是這樣艱難。

不給他吃別的任何東西，是因為我堅持要純母乳餵養，這堅持的3天，我簡直與全世界「為敵」。

我婆婆、我媽媽來看孩子，她們怎麼接受得了孩子哭，想要餵水、米糊、奶粉等，都被我攔下了。月子中心的醫生、護士們也是，每次來，看見孩子哭得厲害，便都問我：「加（配方奶）嗎？」、「真的不加嗎？」、「還不加是嗎？」把我和他們自己都問煩了。我堅持不加。

產前我去教孕產瑜伽課時，我老公都陪着我，他一直在聽我講的課，所以跟我意見一致。我倆讓所有老人都回家休息，不用看孩子、不用陪床、不用送餐，我老公都會，長輩們就別管了。月子中心，我也可以應付。我有足夠的知識儲備，知道我和孩子可以堅持3天，我也知道我有能力和怎麼樣讓奶水分泌，所以我可以為了等奶來堅持3天——每個寶寶和媽媽的身體情況都不一樣，不要跟我學。

當整個月子中心都傳遍了我的

「冷酷」和漠漠的號哭後，我的奶水充足地來了。世界上有一個人會叫你「媽媽」，這不是隨隨便便叫的，當媽媽，就是要經歷這個過程，有人順利一些，有人艱難一些而已。特別感謝我老公的支持，不管是我媽媽還是我婆婆，都充滿不解和怨氣地質問我老公，而我老公只是堅定地跟她們說：「聽王昕的。」

我當時還有妊娠期糖尿病——雖然我整個孕期體重增加不多，但我們家遺傳的，我是「糖媽媽」，漠漠算是個「糖寶寶」。生完漠漠之後，整 24 個月的哺乳期間，我雖然乳汁充沛，但乳腺的情況並不是特別好，至少得了 15 次乳腺炎，每個月至少一次，每次至少高熱 39.5 ℃以上，真的是非常難過。產後也是，我月子後很快恢復工作，那時候講課時間和正常時期一樣長，講着講着就容易脹奶，很不舒服。終於等到下課回酒店，趕緊通奶。到晚上，就開始發熱，我自己吃藥、裹着被子發汗，燒到天昏地暗。因為沒有及時排乳，老大出生後我一直在和乳腺炎的煎熬抗爭。

生第一個孩子畢竟沒有實戰經驗，書本上和自己對學員講得再多，真正經歷的時候，還是會不太一樣。這種頻繁的發熱經歷實在太難過了，生老二後，我就特別注意。產後第一件事，就是買了好用的吸奶器；第二件事，母乳餵養的我常常抱着孩子跟我上課。她一邊喝着奶，我一邊講着課，或者趁着課間休息趕緊跑去吸奶——不會上課上到那麼忘我了。母乳餵養不容易，也很感恩學員們都能理解。我就再沒有得過乳腺炎了。

我家老二薩薩今年2歲，生她更不易——早早保胎住院，打封閉就打了3次。但是到了老二，孕產的實戰經驗可都有了，認識我的人都知道，我生老二後比生老大後恢復得好。生老大時的一些小毛病，生完老二後全都好了。

懷老二時，我就沒有停止過孕產瑜伽的練習，還專門買了一套產後瑜伽的器械，方便在家裏天天練。有句話說「你的生活方式，你的病」，在孕產這件事上同理。孕婦怎麼站、怎麼坐、怎麼睡、怎麼走，就和孕期腰痛、恥骨痛、懸垂腹、浮腫等密切相關。孕期體態非常重要，做對了，產後修復就算完成了一半——還在頂着大肚子走路的孕媽媽們，不要再傷害自己了。

大家應該知道，在科學、安全的前提下，孕期和月子裏有一個準則：媽媽怎麼開心怎麼來。媽媽開心了奶水就好，奶水好了孩子就好，孩子好了全家都好。月子裏確實不能受風，應該儘量避開人群，因為感染源多。現代都市生活，颱風天、寒風冷雨天你肯定不會出去，但天氣好的時候，人少的地方，你去溜達一會兒也沒事。不要太過緊張。

生完老二，月子裏我就開始了一些簡單的練習。我老公看見我在練，他總說：「你歇會兒啊！」但是我不累，好習慣一旦養成，不練反而難受。我月子裏還去婦幼醫院

FOREWORD FORE

講課，還和好朋友一起去看電影。生完老二坐月子的時候是冬天，我好朋友來我家「陪我坐月子」，我們倆就每天出去看場電影。工作日的商場和電影院並沒有什麼人，看場電影、約個會，整個人心情非常好，對產後身體的恢復也是很好的。

我從來沒有什麼月子病，什麼肩膀痛啊、受寒啊，都沒有。

成為母親的時候，我並不年輕，而且受了很多苦，但是我感謝我的瑜伽和醫學知識，也感謝我的自律，讓我現在恢復得很好，甚至生孩子前的一些問題，也都因為小天使的到來幫我解決了。

我以前工作的醫院產科的大夫、資深的護士生完孩子後，我去看她們，她們也有抱着孩子在那兒哭的——嘬乳頭好疼，晚上睡不好覺，很緊張……產科的人生孩子還哭，我以前覺得很好笑，理論上她們應該很從容啊！但是親自經歷過後，就知道真的不一樣。實踐和理論知識還是有很大差別的，大家都是第一次，誰也不會比誰有多少優勢。唯一的區別是，產後你會成為依然放肆美麗的辣媽，還是總抱怨因為生孩子失去魅力的怨婦？

女人真正自信美麗，就是有不因生完孩子而打折的底氣。女子力，憑實力。要想過上自己嚮往的生活，最好的途徑就是增強個人實力，既要增強大腦知識儲備，也要健美四肢，養成運動習慣——讓自己身心輕盈不是為了取悅他人，而是為了愉悅自己。

時間是把殺豬刀，那是因為你沒有給自己花時間。你願意為自己付出多少時間？你的容顏會記錄你的答案，也會告訴別人你的答案。

瑜伽的本意是聯結。聯結的目的是為了超越割裂帶來的限制，從而達到更為圓融自在的狀態，以達成個體生命的圓滿。在我，瑜伽就是這樣一種生活方式。它是我自己主動選擇的生活，是一種自律，一種深入日常生活和長期存在的覺察和自律的能力。堅持練習瑜伽，會讓人更好地認識自己、塑造自己。

想做的事情，你就去做，一直堅持去做，就會達成目標。孕產瑜伽，就是在很安全的基礎上，讓每個孕婦去做該做的事情。

人生的全部階段都很美，生孩子，是女人一生當中一個非常特殊的、珍貴的，也不會特別多次的體驗。人活一世，不要浪費每一個去經歷和體驗的機會。年輕時，你身體充滿了能量，在你還有選擇權的時候，行使你的選擇權，可以讓自己擁有更廣闊的時空和經驗。正如南懷瑾所說，真正的修行是紅塵煉心。

女人的美麗，從來不會因為懷孕和分娩而打折，強大的女性，永遠魅力四射、風華正茂。

你有沒有想過「媽媽」應該是什麼樣的？

你有沒有想過如何活成自己想像中的「媽媽」呢？

我想，你可以做到自己想要的樣子。

寫給讀者

INTRODUCTION INTROD

在藝術家（比如人體攝影師）眼裏，女人的身體就是生命歷程的故事，無論是何種姿態、何種年齡，都有着獨特的美與感動。身體就像女人的大地，我們用一生去擁抱、去耕耘，讓它枝繁葉茂，收穫繁花碩果，生活再留下斧鑿印記，每一寸肌膚，都於無聲處訴說着我們對自己的態度。

女性在人生任何階段，都有那個階段的美。對待每個階段，也都有每個階段的方法。即使成為媽媽之後，美麗的身體也依然可以自己塑造。

這本有關產後瑜伽的書，服務於所有對自己的身體健康有要求的女性。不管是瑜伽老師，還是瑜伽零基礎的學習者，你都可以跟着提示做，沒有顧慮地練習。一切以孕產安全為前提，一切為了母嬰健康，這是我們一貫的原則，所以這是一本符合中國國情的孕產瑜伽乾貨書。

寫這本書，我首先想傳達兩個觀點：

第一，你身體的故事只能自己書寫，美麗不要走捷徑。

第二，每個人要根據自身的情況運動，瑜伽練習切忌攀比。

所謂「捷徑」，潛藏很多危險。

市面上有很多產後收骨盆的服務和廣告，什麼徒手收骨盆、幾分鐘快速瘦髖等，婦產科、康復科和骨科的醫生們負責任、統一的答案是：「想要變成殘疾嗎？」

都不科學！

並不是說骨盆是複不了位、不能恢復的，也不是說用手或者儀器就做不到，關鍵是「快速收幾厘米」

是不科學的。收骨盆不是關鍵，怎麼收才是關鍵！手法、儀器或者瑜伽體式都可以使骨盆複位，但是周圍沒有力量的話，依然有可能再度扯開。

產褥期的時候，新手媽媽的鬆弛素還在，關節是打開的，推幾下就能回來，這很正常。可是回來之後怎樣？還是有可能再打開的！我們的骨盆周圍佈滿了神經和肌群，那麼多神經，萬一碰到了呢？骨盆總共才多大，「啈啈」把它往回收幾厘米，因此壓迫神經造成嚴重問題的大有人在。這些潛在風險，沒有人告訴你。另外，很多媽媽產後看起來髖特別大，是由於髖關節單側扭轉造成的，即半轉子脱位了。不把半轉子調整到正位的情況下，把髖往中央擠是沒有意義的！這樣造成的只有傷害。

無數個運動康復的專家、婦產科的大夫、解剖的老師，他們都不建議使用手法快速複位，認為不科學。

那科學、專業的瑜伽做的是什麼？是讓你把骨盆正位之後，調動周圍的肌肉力量自然收緊和保護，慢慢地恢復。我們要的是複位之後，做周圍肌肉力量和穩定的練習。你要是不練，一旦姿勢不正確，還是會劈開。就像習慣性脱臼一樣，你真正需要的是通過不間斷的練習，形成一種新的肌肉記憶，你要加強你的胸部、肩膀、背部的肌肉力量，讓你不再脱臼，而不是「啈」給你弄好了，説「你回去吧」，你回去，提個重物，「啈」又脱了。瑜伽堅持的是讓好的結果變得更持久、長遠，而不是那一秒鐘、一陣子的高興。

我的孕產瑜伽從來不拿收骨盆、收髖這種噱頭吸引人。我教學對學員的要求也是，希望每個人都不要被這種雕蟲小技欺騙，希望老師們自己也不要想着走彎路，去忽悠別人、抄捷徑。教產後瑜伽的老師們自己首先不要着急，產後的新手媽媽們也不要着急，我們慢慢地來。切記：萬事，欲速則不達。

美麗的身體只能靠自己，徒手不行，儀器恢復也不如自己恢復。

有些媽媽產後願意花 20 萬去做使用儀器的產後修復項目、美容項目，也不願意花 200 塊錢上一節產後瑜伽的課。為什麼？因為那樣她很舒服呀，躺着就好了。她只要躺着，儀器給抖抖就好了，她自然不會花錢來上幾節盆底肌、骨盆修復的課。當然，因為經濟條件的關係，這樣的人不是很多，但是有這種想法的大有人在。

很多媽媽覺得上瑜伽課太累了，這是誤區之一。

產後月子裏的課，幾乎都是躺着的體式，用大地的力量支撐，不會太累。產後瑜伽練習都是很和緩的，不會有大量出汗的現象——對於產後哺乳的媽媽，大量出汗是一種禁忌，造成氣血兩虧，所以不會有很累的產後瑜伽課。

另外，儀器修復和徒手快速修復存在同樣的問題——你身體其他的肌肉群是否能支撐那個恢復的效果？

我有一個朋友，產後已經 5 個

月了，她做了幾次儀器修復腹直肌項目，腹直肌分離還有2指，無奈才來找我看看。我一測，確實肚臍和臍下都是2指的分離。問她：「是不是還漏尿？腰疼？」她很驚訝：「對啊！你怎麼知道？」

專業的孕產瑜伽以醫學知識為基礎，解決一個問題不是只看表像，而是要順藤摸瓜尋其根。藤有問題，有可能你要找根；根有問題，有可能你要延展上來，看看藤是不是有問題。一般來説，肚臍上分離過大，十有八九肚臍後面的腰是疼的；肚臍下分離大，恥骨會不舒服，或者漏尿。根據個體的情況，找準問題的關鍵，再解決它，這是孕產瑜伽的優勢。醫療的修復和身體運動互相配合，恢復的效果才是最好且穩固的。我的那個朋友在我這兒上了一陣子課，通過運動，漏尿和腹直肌分離的問題就都解決了。

孕產瑜伽的學習，在精不在多，教學品質和安全性是我們最為看重的。上課時我總會強調，現在，也強調給各位媽媽和未來的媽媽們：瑜伽鍛煉千萬不要攀比！

第一，做任何運動，包括瑜伽練習，不要上來就擺體式，唰唰唰地做，先找自己的需求！

先找鍛煉的目的，再找方法，然後練習。具有針對性，有目標地堅持，才有效果。瑜伽練習，既不是急功近利的事情，也不是給別人看的面子工程，而是找到一種自己跟自己身體溝通的最合適的方式。即使你自己是瑜伽老師，也要注意孕期不要過度鍛煉，安全第一。

第二，你是你，每個人都是不一樣的，所做體式的難度、強度標準因個體情況而異。瑜伽鍛煉，切忌互相攀比。

難免會有這樣的媽媽，她想要做得像圖片上一樣美，或者想要達到跟老師一樣的標準，或者看到旁邊同樣產後的媽媽做得更好，她也想要做到一樣好。可是，這完全沒有必要！練習瑜伽是來改善自己的身體狀況的。每個人的狀況不一樣，你要做的是根據自己的個體情況，量力而行，慢慢進步。明天的你要和今天的你對比，和別人對比毫無意義。

還會有這樣一些人，看到旁邊人練得比自己好，覺得自己練得不好，對自己不滿，就不願意再練習了。這都是急功近利、求好心切的懶惰！不要攀比動作的部分，要比一比修復好各自身體的信心。普通的產後媽媽，運動一定要按照自己的節奏和能力做，不要和任何人攀比！

上產後瑜伽課的老師們一般要貼心提示：有些媽媽這節課可能會覺得有點兒累，沒關係，保持自己呼吸的順暢，保證自己在做就很好。要讓媽媽們都放寬心，不要有壓力、緊張。瑜伽練習是覺察自己，通過覺察自己身體的各個部位，從而覺察真實的自己。不是去發現你多麼不好，而是發現原來你還可以，讓自己有信心，更從容去對待問題。

產後瑜伽的課，本來就是一件很麻煩的事情。以我們開設的產後修復課為例，產後課每次人都不會特別多，因為來上課的媽媽們都在哺乳期，也就是說孩子哭了想要喝奶，媽媽就得在。哺乳姿勢正確與否，和脊柱、手肘、肩背等的疼痛密切相關。常常，一個媽媽好不容易一周來了兩次，一次一個小時，給她調整、鍛煉，她舒服多了，但回家後，下次再來還疼。因為她每天要餵好幾個小時的奶，但姿勢都不太對：收着肩，含胸弓背，抱着孩子一直餵或者哄，一哄好幾個小時，或者就是挺着腰和肚子哄。這些都是不正確的，所以胳膊疼、手疼、肩膀疼、腰疼，全都沒跑。

課後，這些不對的姿勢和習慣性錯誤不改正，課就白上了。有些媽媽會因此覺得練產後瑜伽好像也沒什麼用——當時舒服，但也解決不了問題，以後該疼還是疼。這是很多產後媽媽會說的話，她們把瑜伽當成靈丹妙藥了。來練一個小時，就想以後再也不犯病了——那是不可能的事兒！

所有的鍛煉，都是要一直持續下去才有效。

一個人，給自己最好的投資，就是給自己身體時間，熱愛自己，讓時間站在你這一邊。敢開始、靠自己，下定決心去運動，就要不害怕開始、不退縮逃避、不拖延磨蹭。想要的，就趕緊開始；開始了，就堅持下去——豐胸提臀，腹平腰細，臉瘦肩美，效果自會顯現。

如果你想美，你就可以一直美！

產後瑜伽所需工具及挑選方法

「工欲善其事，必先利其器」，產後瑜伽的輔助工具選擇也是如此，要給天下女性最全面的保護，輔具的選擇標準就是無味、安全防爆，孕婦專用最好。

瑜伽輔具發明的初衷，是為了讓身體受到局限的瑜伽修習者同樣享受瑜伽。沒有人不用輔具，你站的地面就是輔具之一。當你的手或腿無法落地時，老師過來給你塞一塊瑜伽磚，穩定；當你坐不穩時，老師用彈力帶固定你的腿，標準；當你趴不下去時，老師讓你趴在抱枕上，舒適……對於很多身體僵硬的瑜伽初學者，這些輔助小工具能幫助她們完成體式，同時又避免損傷。

輔具可以分為訓練類器材和按摩類器材，按摩類器材可以按摩僵硬的身體，放鬆運動後的肌肉，兩者結合，讓練習更加安全、有效、容易完成。

產後修復瑜伽，除了日常必備的瑜伽墊、毛毯、眼枕之外，還要準備的輔具如下：

瑜伽磚

瑜伽磚是為初級練習者和柔韌性稍弱的練習者提供的輔助工具。身體當下的力量和柔韌性還沒有準備好更穩定地進入某個體式時，墊塊瑜伽磚，用瑜伽磚來支撐身體，可以幫助身體達到一些理想體式。降低受傷的概率，在安全的基礎上，把每一個體式都做到完美，進而強化塑身效果。

瑜伽抱枕

瑜伽抱枕通常用於支撐背部、腰部肌肉，多用於放鬆階段的瑜伽姿勢，增加舒適度並減少運動傷害。在做背脊的延伸練習、複健治療動作、深呼吸休息時，它是提供穩定支撐與放鬆的輔具，平常亦可當作小腿的支撐墊，對放鬆腿部肌肉也很有幫助。

瑜伽分娩球

瑜伽分娩球也稱健身球、瑜伽大球，多是柔軟的PVC材料製成。主要配合針對腰腹、脊背、骨盆等重要部位的瑜伽體式，練習時要結合緩慢、有節奏的呼吸進行伸展、擠壓。它有按摩作用，可以促進人體血液循環，達到放鬆和消耗脂肪的功效。分娩球還能提高專注力，減輕精神壓力，增強四肢和脊椎的承受力。

使用分娩球要注意，打氣的時候打到「八分飽」，這樣球身更有彈性，方便做動作。在家自己練習時要注意安全和平衡，可以在地上鋪一條瑜伽墊或大毛巾，既能保持清潔，也不易打滑。

「球瑜伽」的趣味性更強，特別適合女性修身塑形，練出更完美的線條。

麥管球

麥管球也叫迷你普拉提球、瑜伽小球，是瑜伽普拉提眾多輕器械中的一種。它有一根麥管，包含在產品裏，用的時候用麥管吹起來，氣也不要過飽。在氣沒有吹足的時候，它可以做支撐墊來使用。

麥管球可以做花樣繁多的練習，頸部按摩、胸部按摩、腹部肌肉訓練、盆底肌訓練和按摩等，還可以通過它加設不穩定性和抵抗性，來增加墊上動作的難度，有效地刺激腹肌和大腿內側，是鍛煉柔韌度、力量和耐力的好幫手。麥管球的按摩功效也非常適合放鬆和深度放鬆身體用。

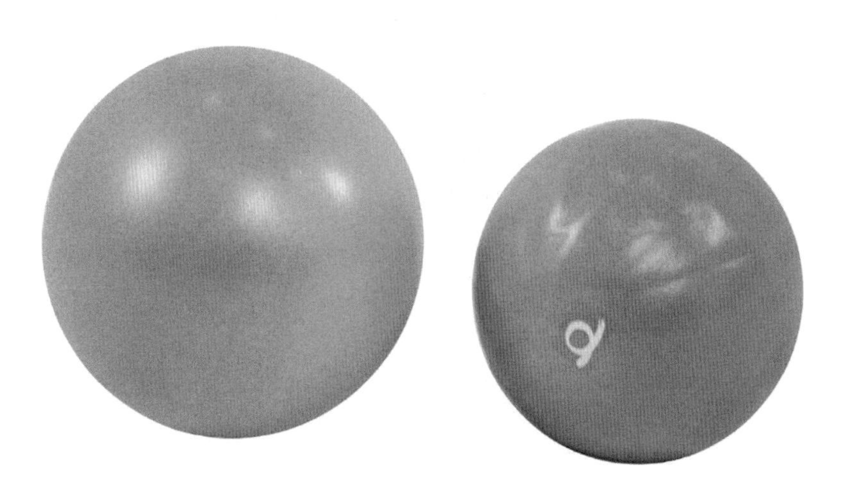

孕產專用數字彈力帶

月子裏最好的瑜伽輔具之一。孕產專用的數字彈力帶是純棉的，可以隨身攜帶、隨時幫助練習。它重量輕，沒有慣性，沒有動力，不能借力。由於提供的阻力與重力無關，訓練時不能借力，更自由，多變化，訓練效果更佳。彈力帶阻力訓練可以獲得 3 種不同的訓練效果：增加肌肉力量、增加肌肉圍度和增加肌肉耐力。

使用彈力帶可以有效改善肌力、身體活動能力和靈活性，有效提高運動成績，幫助治療人體的多種慢性疾病。

平衡墊

平衡墊是一個厚的橡皮墊子，空心，一面光滑，另一面有很多按摩顆粒，根據它的不同材質，使用之前有的需要灌水，有的需要充氣。平衡墊利用它的不穩定性，讓你在保持身體平衡時，軀幹及各關節達到鍛煉的效果。平衡墊是鍛煉內核心的重要輔具。有按摩顆粒的一面可以進行按摩治療。

平衡墊的安全性很高，需要注意的是初次使用時，要防止腳踝扭傷。剛開始練習時，身體不穩，不要將氣或水充得太足，這樣穩定性就能增加，不容易滑落。隨着水準的提高，氣或水可以充得足一點兒，通過更強的自身平衡能力來保持姿態，關節的穩定性也從中得到提高。

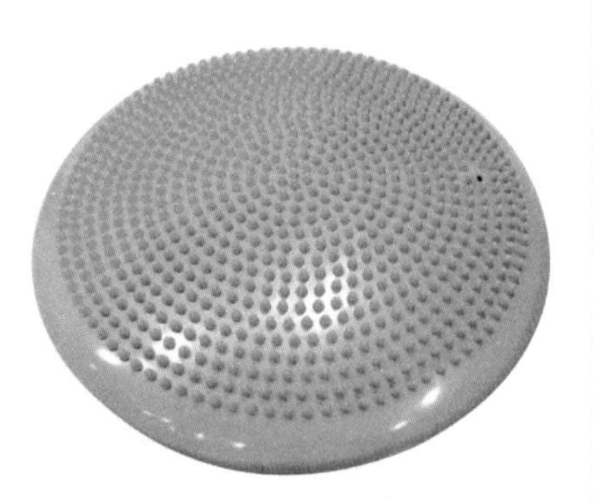

平衡墊構造簡單、攜帶方便，個頭不大、不佔地方，因為可以隨時隨地使用，也成了宅男宅女最愛的運動器械之一。

泡沫軸（可不用）

泡沫軸，也叫瑜伽柱，由聚氨酯泡沫膠製成，一般長度為90厘米，直徑15厘米左右，外表有凸起，分為實心和空心兩種。實心瑜伽柱比較軟、長、舒適，適合大範圍的運動；空心瑜伽柱比較短、偏硬、做工好，適合局部的專業運動。

泡沫軸重量輕、緩衝彈性強，用於淺層肌肉（表皮下的大塊肌肉）和淺層筋膜的放鬆。通過擠壓作用，使肌肉增加含氧量，加速血液循環，還可以促進擠壓位置的淋巴循環。泡沫軸也能作為平衡性組件，以核心肌群（尤其是腹橫肌）為訓練目標設計動作，強化肌肉力量，提升平衡力和協調性，還可以訓練身體側鏈肌群，同時舒展大腿外側闊筋膜張肌。它外表面的凸起用於刺激深層肌肉、小肌肉與筋膜，有分離肌肉黏連和促進血液流動的功效，是使用頻率較高的小器材之一。

波速球（可不用）

波速球，也叫健身半球、平衡半球。由上下兩個部分組成，上半部分是橡膠製成的半球，下部分是一個塑膠平台，平台兩側有凹陷的把手，方便攜帶和移動。波速球的兩面都可用於訓練。由於球面不穩，無論與球的哪一面接觸，無論是以站、仰臥、俯臥、坐、跪、蹲哪一個姿勢在上面做動作，都會讓身體晃動起來，難度增大——考驗核心力量的穩定，強化核心肌群，提升身體平衡感，這就是波速球的價值所在。

除了以上輔具外，日常鍛煉還可以借助桌子、椅子、牆壁、毛巾、長圍巾等，用作支撐或者延伸輔助。

希望每一位練習的媽媽都正確使用輔具，這樣才能安全地享受自己的瑜伽時間。

Yoga

產後瑜伽必須知道的知識

在進行產後瑜伽前，先瞭解及認識產後瑜伽，如產後媽媽的生理特點、產後瑜伽的安全性、注意事項及有效性等，讓身心有所準備。

產後瑜伽的適用人群

Q 我的媽媽，算不算產後？

生過你當然算產後，誰也不是石頭縫裏蹦出來的。所有生過孩子的女人，都是產後瑜伽的受益人群。

Q 產後瑜伽是什麼？

是針對懷孕和生產過程對女性身體的改變和影響而建立的一套更具針對性、更注重身體機能安全修復的瑜伽體系，它以幫助所有產後媽媽健康恢復為目的。

產後媽媽的特殊生理特點

子宮

未孕時，我們的子宮是 50 克左右，到待分娩時，子宮達 1,000 克左右，懷孕讓子宮產生了 20 倍的重量變化，也產生了劇烈的拉伸。產後宮頸短而鬆弛，容易發生損傷撕裂，但以後會逐漸恢復到原來的外形。同時子宮位置變化，有些生產或者不合理的運動會導致子宮脱垂。所以子宮複位，既要讓子宮回到原來的位置，還要恢復到原來的大小、機能。

一般分娩後，子宮將逐漸恢復到未孕時的狀態，這個恢復過程正常需要 6~8 周的時間。所以除了月子瑜伽，其他很多練習在產後一定要等 6~8 周再進行。

惡露

產後隨着子宮蜕膜，特別是胎盤附着處的蜕膜的脱離，血液、壞死蜕膜等組織會經陰道排出，稱為惡露。它與經血差不多，先是血性惡露，再是黃色惡露、白色惡露，到最後消失變正常。一般兩周左右就恢復正常了，但也有子宮修復不好的，甚至到產後 30~40 天才能結束。

產後瑜伽練習前，媽媽們必須知道自己的惡露情況。惡露是否已經結束，如果還有的話是什麼顏色等。因為如果有血性惡露的話，所有倒立的體式都是要避免的——頭低於心臟就算倒立（如果產後媽媽的血壓不穩定，倒立的體式也是要避免的）。

陰道

陰道在分娩後不能完全恢復到孕前的狀態，會變得鬆弛，也會有不同程度的縮短，一些陰道褶皺也會消失。

順產產後 42 天內禁止同房，因為陰道、子宮都還沒有完全恢復，劇烈運動有可能傷害到它們。剖宮產的話，建議 2 個月以後。但所有的前提是，產後媽媽們一定要先去醫院做完產褥期的檢查，具體操作遵從醫生囑咐。

懂得呼吸修復法的話，陰道問題可以在 6~8 周恢復到正常狀態。

內核心

十月懷胎，隨着寶寶在體內長大，子宮增大，人體內核心組織全部受到影響。核心肌肉包括腹部肌群、髖部肌群、骨盆底肌群，其中的內核心肌肉包含膈肌、腹橫肌、盆底肌和多裂肌。

比如腹部，子宮增大導致腹壁被撐長，腹部肌肉彈力纖維破裂，腹直肌出現不同程度的分離。腹直肌過度分離會導致背痛、腰痛，還有肚子大，總也減不掉。而腹壁長期被撐大又迅速縮小，腹部鬆弛、彈力差，就會長妊娠紋。

盆底肌支撐着盆腔和腹腔器官，協同作用於膀胱、腸道和性活動，它維持腹內壓，維持脊柱的穩定性。孕期子宮增大加劇盆腔壓力，盆底組織受壓，再加上分娩時受力，盆底組織可能會被撕裂。產後盆底組織鬆弛，有些人脱垂、漏尿，同房時陰道排氣，這些都是正常的，去修復、練習就好。但是一定要先檢測盆底肌的情況，不能盲目練習。

鬆弛素

產後，新手媽媽身體的鬆弛素還會持續存在半年左右，即整個哺乳期間。鬆弛素使恥骨聯合鬆開，保持陰道擴張、韌帶鬆弛。產後的媽媽關節還是打開的，韌帶比未孕時鬆弛，需較長時間才能恢復。

產後不能過度拉伸，拉伸的傷害遠遠大於好處。最好整個孕期都儘量避免陰瑜伽（Yin yoga），或酌情把要練的動作幅度變小。

體重

分娩後由於胎兒、胎盤、羊水等的消失，以及出汗、排尿、排惡露等原因，媽媽體重會減少3.5kg~5kg，但不可能馬上恢復到未孕時的體重。

產後體重不會，也不宜馬上恢復到未孕時的狀態，欲速則不達。

乳房

產後2~3天，媽媽的乳房會開始增大，變得堅實，局部溫度增高，開始有乳汁分泌。一般情況下，產後健康的媽媽都可以實現母乳餵養。

乳汁的分泌和乳腺有關係，跟胸部大小沒有任何關係。所有女性，只要不是有疾病或者乳房發育不良，都有可以純母乳餵養的條件和便利。中國人的體質相對來說是很好的，但是很多習俗和知識誤區導致我們的純母乳餵養率較低，這對孩子和母親其實都不是好事，後文將有詳細章節説明。

正確認識產後修復瑜伽

當一個妙齡少女決心變成母親，她的身體就要經歷以上變化，就要經歷人生中最大的疼痛——分娩的疼痛。

用視覺模擬評分法（VAS）來評估疼痛的話，0分是無痛，10分是劇痛，分娩時候，宮縮比較強烈時，疼痛數值達到7~8分，且7~8分的疼痛要持續很長時間（12~18小時）。這是純生理的疼痛數值，而痛苦在產婦身上還要加碼：自身身體條件帶來的各種不適，生寶寶過程中可能產生的種種風險，再加上對做媽媽這一角色轉變內心產生的焦灼、憂慮和恐懼……分娩時的痛苦，就真的是「生不如死」一般難熬。這種長時間的、劇烈的疼痛，對心理和身體的影響甚至傷害，是必然的。現在的分娩陣痛體驗儀，一般男人都不願意體驗超過3級，再高就更疼得受不了了，可想而知一個妙齡少女變成母親，經歷了多麼艱難的過程。

醫療上的產後恢復，專指除乳腺之外，恢復人體器官功能，不包括形體。產後恢復，當然越早越好，雖然產後不修復，身體器官的機能也會慢慢恢復，但恢復情況因人而異，視生產情況而定。順產的話，陰道和子宮的恢復一般需要6~8周。如果剖宮產，傷口完全癒合則需要半個月。而產後瑜伽，可以促進子宮及相關生殖器官早日復原，恢復正常的彈性和機能，可以增強腹部和骨盆底肌的收縮力，降低腰背痛和壓力性尿失禁的風險。除了這些功能性的恢復外，還有助於恢復身材，消除懷孕所增加的脂肪和贅肉，從身體到心理，讓產後媽媽更加自信、精神、愉悅，緩解產後抑鬱。

產後修復瑜伽，就是要給天下女性最好的守護，針對生產過程和劇痛帶來的身體變化，修復它們給媽媽們造成的傷害。

你的媽媽、奶奶有沒有漏尿的問題？十之八九有——只是她們可能不好意思說。如果她們有產後的問題，也可以針對她們的問題進行產後瑜伽練習。

產後恢復當然有產後恢復的最佳時期，但不代表過了之後就不能修復——只是需要更長的時間和練習而已。瑜伽練習可以展現女性最好的一面，愉悅、自律、行動力、耐久性等，而堅持瑜伽練習，可以幫助所有懷過孕的女性練出屬自己的溫柔盔甲。

身體是我們自己的，不想因為生完孩子就讓自己打折，不想做怨老公、怪孩子的絮叨媽媽，你隨時都可以給自己機會。

王昕說

女性，不是天生的弱者，不需要被憐憫。女性追求美麗，也不是為了取悅他人，只是為了讓自己身心輕盈，做一輩子的女孩兒。產後瑜伽的好處因此不言自明。所以，媽媽們，給自己最好的投資就是：花些時間、認真運動。

產後瑜伽的安全性

孕產期是生理時期，不是病理時期。

這句話的意思是，只要沒有醫療上認為不能運動的禁忌證，所有懷孕和生產後的媽媽，理論上都可以運動，也都應該運動。只是，這個生理時期有其特殊性，需要根據每個人的具體狀況進行。任何形式的運動，安全都是第一位的。孕產安全無小事，即使是產後瑜伽。

針對產後不同時間，我們分月子裏的月子瑜伽和一般產後瑜伽兩個部分來説要注意的安全問題。

月子瑜伽的安全原則

一般而言，依據身體狀況、傷口修復狀況、子宮復原狀況，順產的媽媽產後 7 天，剖宮產的媽媽產後 14 天，傷口不疼了，就可以在專業的孕產瑜伽老師的帶領下，開始練習月子瑜伽。而本身是孕產瑜伽老師，有孕產瑜伽知識，對自己身體狀況也比較瞭解的，基本產後 1 天就可以開始做呼吸和肢體末端的練習。

月子瑜伽的注意事項

- 月子裏的課時間不宜太長，45~60 分鐘即可。
- 月子瑜伽沒有站立體式，不管大課或私教，都是在瑜伽墊上鋪上一層毛毯，躺着進行的。不做任何劇烈運動。
- 注意關注傷口、腹直肌分離情況，避免加劇傷害的體式。
- 月子裏不要練臀，因為容易引起骨盆底肌肌張力過高。
- 課程中微微出汗較好，避免大汗淋漓。
- 如果按摩使用泡沫軸，需要輕輕按。
- 跪立有助於舒暢胃經。
- 脹奶時不練習，乳房是相對排空狀態時再練。練習不影響哺乳。

如果產後大出血，產道嚴重受傷，或患心臟病、高血壓等疾病的孕婦，做產後運動必須格外小心。

此外，孕期激素水準從體內消失需要 4~6 周的時間。適度、適當的運動可以更快地恢復身體健康，但是，過早的劇烈運動不但容易增加子宮脫垂的風險，也會使身體更虛弱，得不償失。

一般產後瑜伽的安全原則

孕產安全是大事，即使是產後瑜伽。所以開始運動前，產後 42 天左右，一定要做產褥期的檢查。產褥期的檢查包括乳房檢查、子宮檢查、盆底肌檢查、血壓血糖檢查、傷口檢查和骨密度測定。

乳房檢查

對產後媽媽來說，充滿了乳汁的乳房是非常嬌嫩的，一旦乳房健康出現問題，不僅影響乳汁分泌，也會影響到寶寶的健康。

子宮檢查

產後檢查主要就是了解子宮恢復的情況。如果女性出現產後惡露一直滴滴答答流不停等現象，那就需要去醫院做超聲波檢查，看一看子宮內膜的情況，以判斷子宮出血的原因。

盆底肌檢查

分娩時對盆底肌肉、神經的損傷，不僅會帶來生活上的不便，更麻煩的是造成陰道鬆弛，甚至出現陰道壁脫垂、膀胱脫垂、子宮脫垂等嚴重情況。如果產後出現了尿失禁這一問題，女性就必須趁早接受治療。

血壓血糖檢查

很多媽媽產後由於生活習慣的

變化，晝夜哺乳、休息不好、大量糖分的攝入等原因造成高血糖、高血壓，而缺血和攜氧量的降低更會危及全身各器官組織，因此血壓和血糖檢查很重要。

傷口檢查

不管是剖宮產還是順產側切，女性可能總是要挨上一刀。尤其是剖宮產的媽媽，傷口會對腹腔內的消化系統還有泌尿生殖系統器官帶來非正常的擠壓，複位會更加困難。所以，一定要檢查手術後傷口的恢復情況。

骨密度測定

妊娠婦女經過十月懷胎和產後哺乳，體內的鈣質會大量流失。產後做骨密度檢查能及時發現骨質的缺鈣情況，以免發生骨質疏鬆，影響今後的生活質量，也可避免乳汁缺鈣所造成的寶寶缺鈣現象。

在順產42天、剖宮產47天，並做過產後42天醫療健康檢查後，恢復狀況良好的媽媽就可以開始產後瑜伽鍛煉了。

一般產後瑜伽課是60~75分鐘一節，是比較和緩的。具體每個人的情況應該遵從產褥期檢查後醫師的指導、規定，如果醫生說沒有運動禁忌證，在生理條件允許的情況下，幾乎所有的孕產瑜伽體式，都是可以的——前提是體式的安全性、有效性。

給新手媽媽的TIPS

記住一個練習的大原則：當你對一個體式能做還是不能做產生猶豫時，不要做。

一般產後瑜伽的注意事項

傷口問題

專業的瑜伽老師在學生上第一節課時，一定會詢問傷口情況，手診復原情況。傷口是否還有感覺？有沒有側切、有沒有撕裂？並且提醒剖宮產的媽媽上課要多多關注傷口，不要過度牽扯，如果有感覺，要馬上告訴老師。

剖宮產3個月之內的媽媽在上課的過程當中要隨時關注傷口的情況。一般情況下，側切表層傷口半個月會完全恢復，深層癒合需要3個月左右。如果還痛，可能是筋膜緊張造成的。總之，恢復因人而異，要多關注。大部分傷口都是橫切口，前側拉伸的體式要盡可能避免，核心受力的練習也要注意避免。

腹直肌問題

依然要讓來上課的媽媽先做腹直肌檢測，並告知腹直肌分離大於2指對其身體的傷害。上課前需查看盆底肌的產後檢測報告，可通過醫療手段查看出是鬆弛還是張力太高造成的。產後應先做局部的修復，再做全身的恢復。

乳房問題

孕期不壓腹，產後不壓胸。產後半年，瑜伽體式中幾乎沒有俯臥的動作。哺乳的媽媽一定要避免讓自己過度疲憊，不做壓迫乳房的運動。

上課前要瞭解是否脹奶，脹奶就先不要練習。不管是月子中還是出了月子的媽媽，脹奶情況下練習容易損傷乳腺，引發乳腺炎。如果練習，也不一定要把奶吸空，最好是餵完奶之後再來練習，保證相對排空的狀態即可。

產後瑜伽的練習，完全不會影響乳汁的質量，還有助於乳汁產量增加。瑜伽是有氧訓練，練習時可以少量補充水分，結束後喝一大杯溫熱的水，在小便後馬上可以哺乳；或者運動結束後一小時再哺乳，也沒有任何問題。瑜伽課練習後，可通過排尿和深長的呼吸排出乳酸，所以媽媽們不用擔心。

氣血問題

滿月發汗易造成氣血兩虧，不推薦（當然也要因人而異）。汗跟精氣有關，產後受寒的媽媽可以喝薑茶，但最好不要焗汗。

惡露問題

如果是產後第一次做瑜伽練習，練完之後，惡露會有增多的現象；或者惡露在已經消失的情況下，又會重新出現；甚至有可能已經產後幾個月了，練完之後內褲上還會有一些咖啡色的分泌物——這些都不用擔心。我們的子宮不是那麼的光滑，陰道裏面更是佈滿褶皺，一些扭轉的練習、呼吸的練習，會使我們的腹內、子宮得到按摩，幫助一些惡露、殘留物的排出，這是正常的身體表現，媽媽們不必擔心。

漏尿、陰道排氣

一般為產後正常現象，但建議先去醫院做盆底肌檢測，嚴重的有可能是產程過長、體重增長快造成的，需要用醫療手段的就要遵醫囑治療。

睡眠和情緒

睡眠不好的媽媽不適合強而有力的練習。情緒不好時，也不要過度練習。

相對禁忌

- 產後6個月內，避免過度拉伸的體式，因為我們的身體在分泌鬆弛素。
- 產後不做無支撐的深蹲，預防子宮以及整個盆腔的脫垂。盆腔已經脫垂的更不能做跑跳和無支撐的深蹲。
- 有靜脈曲張的，不能站立練習腿部力量，要仰臥位練習腿部伸展；靜脈曲張不能按摩，易引起瓣膜跟血栓脫落。
- 有高血壓、恥骨聯合分離、嚴重靜脈曲張的，不宜練習平衡體式，並且所有體式的進入、退出要緩慢。
- 有高血壓的，上課不做倒立的體式，不做頭低過心臟的體式，動作進入和還原要緩慢，不要長時間做手高舉過頭的體式。
- 有高血糖的，要控制體重，改善飲食種類，多做手臂伸展的動作，快走甩手臂可降低血糖。
- 患呼吸道疾病（感冒發熱）的，暫停練習。

絕對禁忌

嚴重心臟病或肺病、未經控制的甲狀腺疾病或癲癇、貧血嚴重或伴有血小板減少的人，不適合做運動。

另外，孕早期流產的，7、8天後不出血了，就可以練習產後瑜伽。孕晚期流產的，度過42天且下次月經後，才能開始練習。

安全練習，還有一個社會性原則：家人不支持練習的，也要酌情考慮是否堅持。畢竟第一個孩子剛生下來，對新手爸媽和雙方家庭關係都是極大的考驗，如果因此起爭執、鬧不愉快，影響了媽媽情緒、家庭和諧，還是得不償失的。

·王昕說·

產後瑜伽秉持安全、有效兩大原則，以「回攏」、「合一」為關鍵，針對性修復產後媽媽的腹腔、乳房、骨盆等重要部位。有了安全這一項保障，也是解決家庭糾紛的底牌。

為了身心健康輕盈，做擁有柔韌盔甲的中國女性，所有產後的媽媽們，給自己一點兒難得的和自己獨處的時間！

產後瑜伽的有效性

懷孕最容易傷害的，是我們的內核心。子宮增大會把我們的腹橫肌擴大，延展鬆弛後就不容易工作了；重力作用又會使子宮壓迫盆底肌，盆底肌受壓迫之後，要麼鬆懈，要麼緊張，就會出現功能性的缺失，比如漏尿；長期壓迫，骨盆骨性結構改變，會產生脊柱、背部疼痛等。

產後修復瑜伽的重點就在於，讓內核心恢復更好的工作狀態，讓臀、腹、胸這三大塊組織裏的各個機能復原、歸位、回攏、合一。產後瑜伽，就是要幫助媽媽們恢復如初之美。

影響產後瑜伽修復效果的五大因素是：開始時間、孕期體重、運動頻次、生活習慣和產後情緒。

開始時間

身體素質因人而異，我們先說理論上的最優開始時間。

產後修復雖然說是越早恢復鍛煉越好，但是月子裏還是應該以休息為主。休息不等於一直臥床，在生理健康的情況下，媽媽產後第一天就可以做一些簡單的肢體末端活動或者呼吸的練習，先排惡露，再循序漸進鍛煉盆底肌，找回內核心肌肉的力量。順產一般是 7~10 天就可以恢復體力，剖宮產是 14 天，最起碼要等表層的傷口癒合，不要哩哩啦啦出血，再考慮做月子裏的練習。

產後的第一個月，不要做任何讓自己感覺疲憊或者不舒服的瑜伽體式。出了月子，產後恢復可以分為黃金期、理想期和有效期。

出月子後的產後恢復期

產後 42 天到 6 個月以內，屬產後恢復的黃金期。	此時，產後的身體最為脆弱，各項身體指標均處於嚴重失衡狀態。如果在這段時間內氣血得不到恢復，殘留毒素就無法有效清除，很容易拖延惡化成為各種疾病。
產後 6 個月到 1.5 年以內，屬產後恢復的理想期。	經過產褥期的恢復，身體毒素已經基本清除，本身的氣血恢復也已基本完成，到了恢復身體機能損傷的最佳時機。
產後 1.5 年到 3 年以內，屬產後恢復的有效期。	這個階段應該進行綜合調理，使身體機能達成最佳平衡，平穩過渡到正常生活階段。由受孕、生產導致的腹部肌肉分離、產後骨盆底肌受損等內核心的問題，產後瑜伽都能夠很好地、有針對性地幫助修復。

以上是產後恢復的最佳時期，但不代表這之後就不能修復了。對於所有生過孩子的媽媽而言，無論產後多久，都要做盆底肌的修復、腹直肌分離的修復，這些是不會隨着時間推移自動修復的。如果有問題，這些問題很可能會伴隨你幾十年。很多我們的媽媽輩有漏尿的問題，就是因為產後盆底肌的修復沒有完成；很多人產後大肚腩一直減不下去，和腹直肌分離沒有恢復有直接關係。

產後半年，媽媽們基本可以像普通人一樣上常規的瑜伽課，但是如果還有身體機能恢復的問題，就一定要跟專業的產後瑜伽老師練習。因為產後瑜伽老師是有一定的相關專業知識背景和技能的，而不正確的練習則有可能加劇產後損傷。

孕期體重

孕前體重和孕期體重的差值，直接關係到媽媽產後身體的恢復情況。

一般來説，孕前體重正常，孕期體重增長也正常的女性，只要掌握正確的生活習慣，產後 6~8 個月自然就可以恢復到孕前狀態了。而孕期體重超標的，增長過多或者增長過快的，可能需要多花 1~2 年的時間來恢復。

運動頻次

在生理條件允許的情況下，在所有瑜伽體式安全、有效的前提下，要想真正達到對產程有效果，美國運動協會和美國婦產科學會提出的建議是中等以上的運動強度，每周堅持 150 分鐘以上的練習。

中等以上的運動強度就是，可以正常說話，但是唱不出歌來。這是引起心率改變的強度。

一般針對產後不同月份，依據媽媽的復原狀況、傷口修復狀況、身體狀況調整。

產後修復瑜伽就是要溫和，最好的出汗標準是，你摸到身上黏黏的，有一層薄汗，但是並沒有大汗淋漓。這既可以讓產後媽媽的身體排濕，又不會過度消耗氣血。

走路、游泳和練瑜伽都是適合孕產期女性的運動。不管選哪一個運動，都要持續、堅持。

另外，運動不是靈丹妙藥，不能當作治病的方法，有任何生理上的不舒服，及時找醫生。

給新手媽媽的TIPS

常規建議是每周練習 2~3 次為最佳。月子裏每次練習一般在 45~60 分鐘；42 天之後，每次練習時間一般在 60~75 分鐘。

生活習慣

生活習慣主要指媽媽們的飲食情況和睡眠情況。

飲食清淡、營養豐富、睡眠充足、精力充沛，當然十分有利於產後身體的恢復。可是，產後媽媽們的睡眠沒幾個是好的，尤其當自己一個人照顧孩子時；而在我們「舌尖上的中國」，如果是長輩照顧，要營養豐富容易，想飲食清淡可就難了。

產後瑜伽練習前，教練要問問媽媽們睡得怎麼樣，媽媽們也要評估自己的睡眠情況，根據個體實際的需求，選擇練習的內容。如果現狀是睡得不好，特別睏、特別累，那就不要安排做一些強有力的體式或者運動內容，不適合。這個時候，很多媽媽更希望通過上課能休息一下——難得的獨處時間，難得的自由、放空時刻，那就多選擇舒緩的體式進行練習，以解壓、放鬆為主，在課堂上最後睡着了也不錯。

坐月子不必吃得肥滋滋，產後恢復可不是產後複胖。我們很多習俗或者說生活方式，對照顧孕婦、產婦有很多錯誤的認知。比如「食補」，很多人覺得懷孕一定要餵胖媽媽們，產後為了孩子的奶水依然要餵胖媽媽們。而熱衷口頭上減肥的媽媽們也找到了藉口，抓住了機會，可以光明正大地胡亂吃喝。那些「妄圖」控制體重的，大多會聽到長輩們批評的聲音：「懷孕了還減什麼肥啊！哪能為了自己，讓孩子缺呢！」大魚大肉，越多越好，不能節食——老一輩覺得就應該這樣。但實際上，孩子真的不是這樣補的啊！

現在，醫生們會讓孕婦孕期控制體重增長，月子裏注意營養均衡、清淡飲食，清淡的飲食也可以營養豐富，還更利於乳汁分泌和身體修復。這都是科學、正確的有利於身體恢復的做法。

產後情緒

這是影響媽媽們產後恢復非常重要的一點！

產後修復，一定要考慮媽媽們的心理因素。

一方面，情緒來自身體的變化：有些媽媽產後肚子還是黑的，有色素沉澱；有些媽媽腰腹都是妊娠紋，特別難看；有些媽媽覺得生完了還沒有瘦，擔心是不是以後都不會瘦了……外在不美觀，內在沒恢復，伴隨着各種不舒服，通通讓媽媽們覺得挫敗，很難過。另一方面，社會身份變化帶來的巨大壓力，讓媽媽們幸福又焦慮：孩子和老公都是自己的，得照顧；爸爸媽媽、公公婆婆一大家子，家務繁多——雖然當「媽」了，可自己明明還是個少女啊！於是每天的心情都像坐過山車一樣，起伏不定。

幾乎每個媽媽都會面臨這些問題、這些情緒。一方面，家人要給予理解和支持，媽媽開心，寶寶健康，才能全家更開心。另一方面，媽媽自己要學習接納自己，堅持科學鍛煉，理性疏導情緒，恰當發洩不良情緒，一切就會好起來。

母親都是一樣的，既然選擇了做媽媽，孕育一個新生命，就是要成為更豐富的自己。少女時期是朵花兒，漂亮盛開就好了，當了媽媽之後，就成了一棵樹，開花結果、繁衍生命，任時間流逝、風雨洗禮，你自越發澄淨、深沉，紮實而充滿力量。

萬事開頭難，完全考慮到以上五大因素更難。不過，產後瑜伽剛開始練習時，允許形式大於內容，重要的是先開始做；成了習慣、愛上之後，再形式和內容一起升級。讓身體開始行動，讓大腦觀察身體，體式看起來美不美不重要，重要的是你感覺到了什麼。臣服於你的身體和你的呼吸，享受身體的變化、精神的集中、獨處的自由、壓力的疏解。

我還在月子裏，就去給婦幼保健院的醫護人員們上課。很多次，我上課的學員裏也有剛出月子不久的媽媽，抱着寶寶來學習。所謂辣媽的迷人風韻，就是在經歷了人生種種事情的沉澱之後，你依然是你，豐盛沉穩，獨立擔當，眼裏飲食男女，心中臥虎藏龍。

·王昕說·

產後瑜伽的習慣一旦養成，帶給你的改變是顯而易見的：越運動，越漂亮。規律的生活，集中的精神，更好的睡眠質量，更強的免疫力，漂亮的身體線條——堅持的人不抱怨，高效的人不渾渾噩噩。產後瑜伽，就是雕塑你的身體和你的靈魂，身材不掉線，精神也常青春。

Yoga

修復的關鍵

生產後，身體各機能需要時間慢慢回復生產前的狀態，此章透過瑜伽運動，令胸部、腰腹、髖骨、子宮、骨盆等恢復及修復。

你真的會呼吸嗎？

「深呼吸，靜賦活」——這是某奢侈品精華水的廣告語。其實不用很貴的精華水，會呼吸，也可以讓你達到「靜賦活」的效果。

高效的呼吸可以提升自體的攝氧量，充足的氧氣讓肌肉得以運動，增強肺活量，強化運動效能，機體的活力與耐力增長，同時，你的面色也會更好，身、心、靈也會變得更清澈、更警醒。

實際上，你真的「會呼吸」嗎？

尤其是產後不舒服的時候，你會有效、高效地呼吸嗎？

一般我們常用的 3 種呼吸方式是：自然呼吸、腹式呼吸和完全式呼吸。

自然呼吸

當你呼吸時，沒有任何覺察和控制，就是自然呼吸。你不會意識到它，也不會去管它，它是我們與生俱來的本能，是生命活力的象徵，也是最舒服的呼吸方式。可最舒服的呼吸方式，不一定就是最高效的呼吸方式。

平靜狀態下的正常呼吸，吸氣是由膈肌、肋間外肌收縮完成的主動運動，而呼氣則是被動運動，主要依賴肺及胸廓的彈性回縮。這樣的呼吸，肺部只運動了一小部分，一般正常時期的供氧是沒問題，但是並不高效。

一個女人，從女孩變成媽媽，經歷了生理、心理、社會身份和日常生活雜務同時發生的巨大變化，還要迅速正確處理一個新手媽媽面臨的種種問題：

- 當你曾經渴望的小天使，不管怎麼擁抱、哄餵，都號啕大哭的時候；

- 當你每夜無數次被吵醒，換尿布、餵母乳，孩子依然在哭鬧，而老公鼾聲如雷的時候；
- 當你哺乳不得其法，數次乳腺發炎，腰背疼痛，或者深受產後漏尿困擾，老公、家人對孩子的關心卻超過對你的關心的時候……

你還能平靜、順暢地呼吸嗎？你能控制住自己對老公、家人的怨氣、怒火嗎？你對孩子的愛還能熾熱如初嗎？你的身體、心理還穩定、健康如初嗎？

這時候，你可以坐下來，將意識放到鼻孔，感覺到你自己正在吸氣、吐氣。你不需要刻意調整你呼吸的節奏、頻率，你先感受它們的狂亂、不安。然後，你需要學習控制你的呼吸，從而控制你的情緒，讓身心穩定下來。先放鬆。

腹式呼吸

腹式呼吸就是一種放鬆的練習。

你可以找一個安靜舒適的地方，或坐或臥或站，都可以。吸氣時，膈肌下降，肺部充盈，同時腹部緩慢地向前、向外隆起；呼氣時，腹部內收，肚臍貼向後背，同時膈肌上移、肺收縮，幫助把多餘的濁氣排出體外。腹式呼吸以腹部活動為主，腹部帶動膈肌上下，增加膈肌的活動範圍，從而直接影響肺的通氣量，讓我們可以更好地加強呼吸的效果，在深長的呼吸當中，讓身心寧靜、大腦放鬆，緩解產後焦慮。

腹式呼吸促進腹壁內收，肺部、腹背部都得到了更多的運動，腹部和子宮得到按摩，幫助產後惡露的排出，利於子宮恢復。同時，可以有效消除腹部多餘脂肪，刺激腸胃蠕動，緩解腰背痛，改善產後的便秘、消化不良等現象。腹式呼吸配合凱格爾運動（骨盆底肌肉強化運動，詳見後文），對腹部的刺激、子宮的按摩，會有更好的效果。

腹式呼吸的目的是越來越放鬆，通過練習的深入，你的呼吸會越來越深長。但是注意，腹式呼吸不用刻意到「極限」。

任何呼吸，切忌憋氣。無論吸還是呼，一定要在你自己舒服的範圍內，盡可能飽滿，但不一定非要氣沉丹田或者憋氣很久。不需要也不要到「極限」，要在身體不緊張、自身舒服的前提下，慢慢地吸，再慢慢地吐。

給新手媽媽的TIPS

有便秘困擾的產後媽媽，產後月子裏自然呼吸 2~3 天后，就可以進入腹式呼吸的練習。腹式呼吸簡單易學，不管你有沒有練習的基礎，都可以練。清晨起床後，晚上睡覺前，失眠、焦慮時，或者一天中任何感到疲憊的時刻，你都可以開始腹式呼吸的練習。站立坐臥，隨時皆可，它是產後媽媽一定要掌握的一種呼吸方式。

完全式呼吸

在一段時間腹式呼吸的練習後，且能覺察自己自然呼吸和腹式呼吸的前提下，就可以進入對產後核心修復最有效的完全式呼吸。

完全式呼吸，吸氣時，氣息充滿雙肺，肋骨向前後左右、四面八方擴張，繼續吸氣，腹部慢慢隆起。呼氣時，小腹上提、內收，肋骨內收、下沉，肚臍貼向後背，同時胸廓內收，將肺裏的濁氣排出。如此循環。完全式呼吸讓胸腔、腹腔整體使用，鍛煉了我們平常鍛煉不到的地方。

完全式呼吸是在腹式呼吸熟練後才能做的，它是腹式呼吸基礎上的加強版。完全式呼吸應該暢順而輕柔，它能增加身體氧氣供應量，從而淨化血液；它使得肺部組織更強壯，從而增強對感冒、支氣管炎、哮喘和其他呼吸道疾病的抵抗力。

跟我做

FOLLOW ME

準備：

簡易坐，小腿中段交叉盤坐，腳踝在膝蓋的下方，臀部下方可以放毛毯，保持脊柱直立。

自然呼吸：

輕輕閉上眼睛，保持脊柱的延展，吸氣的時候感受氣息從鼻孔進入，呼氣的時候感受氣體的排出。每次吸氣時脊柱都要延展，呼氣時可以感受氣息的排出，不用刻意強調呼吸。

注意： 保持骨盆穩定，脊柱中通正直，呼吸順暢，不要憋氣。

好處： 集中注意力，釋放壓力。

腹式呼吸：

坐式

❶ 鬆開右手，放在腹部，保持脊柱拉長，吸氣的時候使腹部和手輕輕鼓起，右手向外推送。

❷ 呼氣的時候腹部主動微微發力，把肚臍推向後背，同時右手隨之內移，重複數次。

注意： 吸氣推腹時不要塌腰，呼氣時不要含胸拱背。

好處： 促進腸胃蠕動，預防、緩解便秘。

臥式

❶ 腹式呼吸也可以躺下來，把頭墊高。可以躺在墊子上，也可以躺在床上，手放在腹部，吸氣，腹部隆起。

❷ 呼氣，腹部微微內收，可重複數次。

好處： 促進腸胃蠕動，幫助消化和排便，按摩內臟。

完全式呼吸：

❶ 雙手放在胸部下方、肋骨的兩側，吸氣的時候感覺肋骨打開，外擴前移，同時腹部微微隆起。

❷ 呼氣，小腹微微內收上提，肋骨內收向下，腰腹變得纖細，重複數次。

好處： 穩定腰椎，增加內核心穩定性。

練習瑜伽時的呼吸

瑜伽的呼吸，講究的是覺察和控制，在一呼一吸之間，你的身體、肌肉、全部的覺知都朝着同一個目標努力。呼吸是生命的能量，呼吸的調整和控制是為了控制生命的能量。

所有的瑜伽體式，如果能配合呼吸進行練習，效果就是事半功倍的——但是每次上課我也再三強調：任何時刻，切忌憋氣。即使呼吸跟不上，只要你感覺舒服、不憋氣就行。這才是正確的瑜伽配合呼吸的方式。對於一般初學者來說，光做到體式就很難，顧及不了什麼呼吸方式，那就先自然呼吸配合體式，體式熟練了以後，再慢慢學習腹式呼吸來配合。

瑜伽練完之後，最好再有一個深層次的放鬆。瑜伽的休息術（深度放鬆）是一種完整的鍛煉方法，可以幫助消除精神中的消極因素，增加、擴大積極因素和其效果，恢復機體內在平衡。但是，很多媽媽產後睡眠質量不佳，身體疲憊，精神緊張，即使在深度放鬆的時候，也找不到放鬆的感覺，這種情況下也可以借助呼吸來調整。

休息術找不到感覺的時候，就去感受自己的呼吸，通過覺察呼吸，使用調吸法、數吸法，來讓自己放鬆，就可以達到休息目的。

給新手媽媽的TIPS

產後瑜伽練習不在於體式看起來多麼優美，而在於你對自己的覺察。多多關注自己身體的感受，多多呼吸，臣服於你的身體和你的呼吸，慢一點兒，再慢一點兒。

讓身體成為行動者，讓大腦成為觀察者，呼吸則是動力。如果說瑜伽是消磨時間的藝術，那呼吸就是這個藝術的核心技術。學習掌握呼吸，你就需要練習很久。

人體呼吸一般佔運動耗能的15%~20%，更高效的呼吸能更強化運動效果。不管對普通人還是對新手媽媽來說，進行呼吸訓練，掌握高效的呼吸方法，在日常生活中隨時改善我們呼吸的品質，都能讓身心受益。

陽式呼吸：

❶ 鹿角手印準備，右手的食指、中指併攏，其餘的3指放鬆。

❷ 食指、中指抵住眉心之間，大拇指放在右鼻翼處，無名指放在左鼻翼處。

❸ 右側鼻孔吸氣。

❹ 左側鼻孔吐氣。

▶ 感受左右鼻孔的通暢程度，吸氣的時候可以在心裏默念數數，關注氣息的進入和排出，重複7~10次。

▶ 適合清晨起床後和上午練習，精神萎靡、情緒低落、低血壓、低血糖者可以多多練習。

陰式呼吸：

❶ 鹿角手印準備，大拇指輕放於右鼻翼處，無名指放於左鼻翼處。

> ▶ 適合失眠的媽媽，尤其是睡前，特別是煩躁、疲憊的時候。

❷ 左側鼻孔吸氣。

❸ 右側鼻孔吐氣。

陰陽式呼吸：

❶ 鹿角手印準備，大拇指輕放於右鼻翼處，無名指放於左鼻翼處。兩個鼻孔同時吸氣，然後堵住右鼻孔，左側呼氣。

❷ 呼完左側接着吸氣，吸完堵住左鼻孔。

❸ 右側呼氣，呼盡之後，接着右側吸氣。左呼左吸，右呼右吸，為一個回合。

- ▶ 每次都是從一側的鼻孔呼氣開始，吸氣結束，再到另一側鼻孔呼氣開始，吸氣結束，為一個回合。
- ▶ 適合所有的媽媽，特別是感覺疲憊，想讓自己精神旺盛、更有精力的時候，都可以練習。

練瑜伽的時候，每個人都會經歷這樣的時刻或者階段：你到了某個節點特別煩躁，或者某個體式痛苦難忍，這些就是你最需要忍受和克服的地方，你要做的只是深呼吸，堅持深呼吸，忍受，然後克服它。呼吸如謎一樣，它充滿能量，自會幫助你攻克難關。

當你因為生產疲憊不堪時，當你產後焦躁不安時，當你覺得養育孩子很艱辛，暴躁、憤怒湧上心頭時，當你老公不理解、家人不支持時，你的呼吸還能幫助你、陪伴你。別人不能幫助你的，你與生俱存的呼吸可以。

把你的意識放在你的鼻孔或者腹部，來，深長地呼吸，這最平常的呼吸，會變成一個得力的工具、貼心的夥伴，陪伴你、幫助你更好地渡過這個難關。

王昕說

當了媽媽之後，女性的人生就進入了一個全新的、讓人狂亂的世界。沒關係，在這個狂亂的世界裏，請深呼吸——瑜伽其實就是生活的暗喻，如果不安，那就正確地、高效地呼吸吧！

髖窄腰細第一步：調動你的內核心

在產科待半天，你就可以寫一出《中國孕媽圖鑒》。產婦各有各的形態，有習慣性手叉腰挺着肚子的，也有習慣性塌腰抱着肚子的，有習慣性斜肩塌背扭曲站立的，也有習慣性身形挺拔矯健的。孕期體態就是產後體態的一部分，孕期體態正確，產後修復就完成了一半。

習慣性挺着肚子的，容易恥骨分離，腰痛；習慣性塌腰駝背的，容易消化不好，尾骨痛，坐骨神經痛；習慣性斜肩塌背的，你歪向哪一邊，哪一邊就容易痛。體態歪七扭八的，都是自己對自己的長期壓迫。而習慣性身形挺拔的，產後依然挺拔矯健、活力四射。同樣都是習慣性體態，為什麼差距就這麼大呢？

區別就在於核心力量，在於你是否習慣性地調動你的內核心。

生活中，常有人即使走平路也會摔跤，但也有人即使突然被絆了一下，也不一定會摔倒。區別是什麼？區別就在於其是否習慣性地使用內核心的力量。

啟動內核心

運動健身界常常在說核心力量、核心肌群，因為核心力量不僅可以幫助人體形成核心穩定性，而且在競技運動中，它還能夠主動發力，是人體運動的一個重要「發力源」。核心力量是一種與上肢力量、下肢力量並列的力量能力。核心力量強的人，腿部就比較輕盈，擅長長跑的人一般核心力量也比較強。核心力量來自活躍的核心肌群，核心肌群保護着我們的腹腔內臟器官，同時穩定着腰椎、骨盆和下肢。核心力量的訓練是為了啟動內核心，在做所有的運動之前，都應該啟動你的內核心肌群，再做動作，這樣可以保護身體不受傷害。

人站立着，我們的胸部以下、髖部以上，就是我們的內核心。內核心支撐着我們所有的內臟器官，它就像一個盒子，保護着我們的腸胃器官、內臟系統等，也支撐、保護着整個孕期內孩子的家——子宮。所以，懷孕最容易傷害的就是我們的內核心。

調動內核心，穩定內核心，不是運動的目的，而是基礎第一步。穩定的內核心給不同肢體的運動創造支點，為不同部位肌肉力量的傳遞建立通道。

內核心最重要的就是4組肌肉：膈肌、多裂肌、腹橫肌和盆底肌。膈肌是只要你呼吸，它就是在工作的，但是你要用正確的呼吸方式——腹式呼吸。孕期總是臥床不動或者呈塌腰體態，容易讓多裂肌萎縮。子宮增大會把腹部撐大，腹壁長期撐長，使得腹部肌肉彈力纖維破裂，腹橫肌鬆弛，腹直肌出現不同程度的分離。重力作用又使子宮壓迫盆底肌，長期壓迫，盆底肌或鬆弛或過度緊張，就會出現功能性缺失。

產後有各種各樣的痛，幾乎所有的痛，都可以追溯到對內核心的傷害。比如，大多數和鬆弛素有關的疼痛，都是因為內核心不穩定。鬆弛素會讓我們的關節變寬鬆，方便寶寶的成長和生產，但是松的時候，你要是沒有力量去穩定它，就會疼。很多媽媽產後鬆懈、軟塌塌的，就是沒有核心力量。前面描述的各種不正確的體態也一樣，都是沒有調動內核心。為什麼別人懷孕前身形挺拔，產後也健康挺拔？因為人家調動了內核心啊！所以產後不管是哪種痛，要用哪個處理辦法，第一步，都是先回到仰臥山式、坐立山式、站立山式，調動你的內核心，啟動你的內核心，穩定你的內核心。

啟動內核心時，要注意兩點：

第一，配合正確的呼吸。

第二，內核心是一個整體，可以逐一啟動，但是要整體練。

要調動內核心，配合腹式呼吸加上加強版的完全式呼吸就可以。我們練腹式呼吸時，吸氣，腹部盡力突起，憋住幾秒，呼氣，腹部盡力內收，再憋住幾秒——長度根據個人體能而定。這樣腹壁肌肉舒縮運動的同時，帶動膈肌上下運動。膈肌和盆底肌又互相作用，是一種同上同下的活塞運動關係，盆底肌在膈肌的上下運動中也會得到鍛煉。而只要是保持平衡的練習，多裂肌就都在工作。

內核心是一個整體，鍛煉的時候，要收就一起收，要懈就一起懈。剛開始你可以一個個地練，但是最後一定要學會整體做，不能上面緊收，下面鬆懈。很多人堅持不了或者不願意整體做，是因為收內核心是非常累的。標準的腹式呼吸，很有可能只做了幾次，身體就已經開始微微出汗了。可是有感覺就對了啊，說明內核心調動起來了。

所有的體式，都是內核心啟動了再做才有效。而且要養成隨時調動內核心的習慣，只要你在呼吸，就是調動內核心的呼吸，就是在運動，不要等瑜伽老師提示你才這樣，不提示你就不做了。所有不平衡的練習，都可以強化內核心。

另外，日常也不要懈怠。我的習慣就是無論平時生活還是鍛煉，內核心一直調動着。要形成習慣，要讓全部的核心肌肉隨時都工作起來，這是產後媽媽們的第一個任務。

隨時調動內核心、訓練內核心的好處非常多，因為它是一個前饋機制，調動它會減少你的受傷風險，而且長期的鍛煉會引發一個質變的過程，它會逐步增強你的運動表現。

隨時調整和控制

很多人產後腹直肌反復分離，為什麼？那是因為沒有隨時調動和控制內核心。做產後修復瑜伽，有些人只是在墊子上的時候記得練習控制，在家庭的日常生活中就忘記了。沒有控制，彎腰、捲腹都可能在產褥期引起腹直肌再度分離。產後不要做卷腹練習，也是因為很多人不會收內核心，錯誤的仰臥起坐很容易導致腹直肌再度分離和肋骨外翻。

有的人產後肚皮為什麼還那麼鬆弛？有兩個原因：

一是懷孕期間體重增加過多，可能超過 15kg，這需要慢慢練習恢復。二是練習要練內核心，持續地、慢慢地鍛煉內核心的收縮能力——束身衣是沒有任何用處的，反而會讓我們的核心肌肉形成惰性，不工作了。剛剛生完孩子的媽媽，可以用束身衣托着，起個固定的作用——因為剛生完孩子腰特別疼，內核心無力——但老穿就不好了。束腹帶也存在同樣的問題。剖宮產的媽媽有時候會用到那種從骨盆開始往上一直纏到肋骨的束腹帶，需要它幫助穩定內核心。它可以用，但是也不要纏太久，最好幾個小時就要讓肌肉歇一下。如果你的盆底肌、膈肌都還不會工作，沒法收內核心，你只是去勒住腹部，有可能會引起脫垂和肋骨外翻。

跟我學
FOLLOW ME

肋骨外翻檢測方法：

❶ 被檢查者屈膝仰臥位，檢查者雙手虎口卡住其肋骨下角；若自己檢查，則對照鏡子，雙手指尖向下，大拇指卡在肋骨弓下緣。

教學示範：邱文茹

❷ 若大拇指之間的角度明顯大於90°，則為肋骨外翻；小於90°，就是肋骨角狹窄；90°左右，則不存在肋骨外翻或狹窄，但若肋骨向前突出很多，則可初步判斷為肋骨前突。

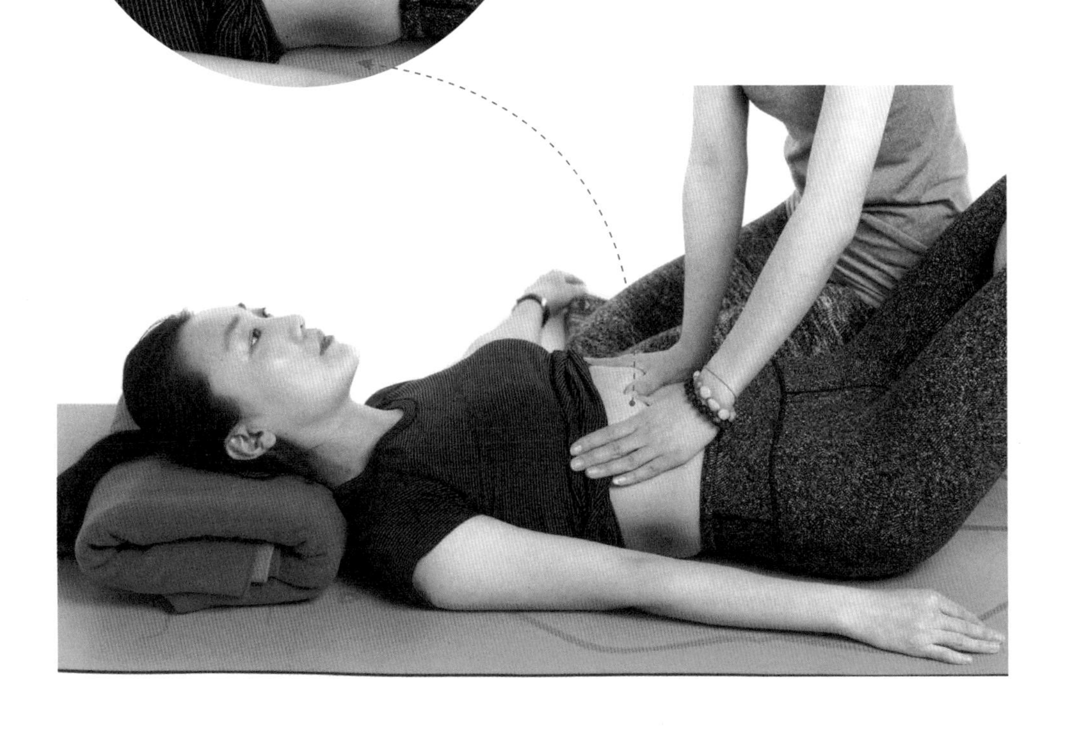

調整方法：

肋骨過寬

屈膝仰臥位，雙手放在肋骨兩邊，吸氣後背壓地，呼氣發「xu」的聲音，同時雙手推肋骨向內向下，肋骨「找」肚臍，同時肚臍「找」地面。

注意： 每天重複3～5個回合，每個回合10次呼吸。

肋骨角狹窄

屈膝仰臥位，雙手放在胸的下方、肋骨兩側，吸氣時肋骨向上向四面八方打開，感覺雙手被推動向外，呼氣發「xu」的聲音，肋骨微微內收下沉，小腹上提找向肚臍的方向，同時肚臍下沉指向地面。伴隨順暢的呼吸重複數次，慢慢地，肋骨角隨着每次吸氣會打開得更多。

注意： 空腹練習，可以在仰臥位、坐位或站立時練習。

產後第一天開始，媽媽們就可以循序漸進地練習呼吸，嘗試調動內核心，找回核心肌肉的力量。人體天生能自愈，我們不要總是想着偷懶，依靠外物或者科技。如果我們身體被外物或者科技禁錮，我們也就喪失了自己。我們很難控制別人，唯一能控制的，就是自己和自己與這個世界相處的方式。機體本身有獲得自我健康的能力，只要喚醒這一能力即可。隨時調動內核心，有知覺地啟動內核心走路的人，是很難摔跤的。

瑜伽是 1% 的理論，加上 99% 的練習。所有運動和體式鍛煉中，要不斷重複告誡自己，調動內核心，收住內核心。有力的內核心給你穩定、給你力量，你的身形健康挺拔，才能享受生命的活力。人的身體從不撒謊，你是有生命力的、健康的瘦，還是只是瘦而已，一眼可見。

·王昕說·

產後的媽媽們都走在成為女超人的路上，女超人塑身的目的，不僅是為了美，為了瘦，更是為了自己的健康和寶寶的健康。調動你的內核心，讓所有內臟器官歸位，骨盆閉合，恥骨聯合複位，身體的疼痛自然消除，體重體形自然恢復。

兼具內在的控制力量和外在的嫵媚溫柔，媽媽們要美，全憑實力！

子宮按摩與恢復

月子裏的女性，真的什麼都不能做嗎？

我們有很多女性產後坐月子的規定或習俗，如不能下地啊，不能沾水啊，不能運動啊，等等，就是除了在床上吃喝睡，什麼都不能做的意思。我非常懷疑，這可能是我們古代女性智慧的結晶：那個時候沒有暖氣、沒有空調、沒有洗衣機、沒有汽車、沒有24小時的熱水，剛剛生完孩子還不能好好休息一個月嗎，是不是？

規定「不能下地、不能沾水、不能運動」，老爺奶奶就不能讓你生完孩子3天就下地幹活，徒步去河邊吹着冷風洗衣服，或者去井沿彎腰用蠻力拎水。真的是非常聰明的古代女性——逃避勞動，才能保護自己。

而現代生活，早已不是以前的落後窮苦時代了，24小時恒溫的家，機器家電很大程度上把人類從體力勞動中解放出來。充足的飲食和休息，營養過剩的產婦早已多過營養不良的，我們需要重新審視月子裏的種種規定和習俗，發現我們女性新的需求，更好地解決產後面臨的種種問題。

「月子」這個詞舉足輕重，因為它就是用來讓媽媽們產後恢復身體的。寶寶生長、生活了10個月的家——子宮，當然是第一恢復對象。

子宮本來小小的，懸掛於我們人體盆腔的中央，它的前面是膀胱，後面是直腸，下面是陰道。沒有懷孕時，子宮只有50克左右，待分娩時子宮重達1kg左右，懷孕使得子宮產生20倍的伸縮。正常情況下，產後6~8周，子宮可以恢復到原來的大小、回到原來的位置。雖然不做產後修復瑜伽，子宮也會恢復，但是子宮的恢復還是趁早為好，更好、更快地復原它的位置和彈性，媽媽們的正常生活才能儘早開始。

最好的按摩子宮、促進子宮恢復的運動就是腹式呼吸和會陰收束法。腹式呼吸和會陰收束法都是產後第一天或第二天就可以開始的運動，只要你覺得舒適就可以做，除了不要憋氣，練習沒有任何限制和禁忌。

月子裏的腹式呼吸

腹式呼吸對於幫助惡露排出、子宮複位非常有效。

產後，子宮蜕膜，特別是胎盤附着處的蜕膜和一些壞死的組織會脱離、脱落，經陰道排出，就是惡露。它跟我們的月經血差不多，先是血性惡露，再是咖啡色惡露、白色惡露，正常情況下兩周左右消失。子宮修復不好的，可能到產後 30、40 天還會有一些。

產後媽媽選擇仰臥或者舒適的坐姿，吸氣時可以把一隻手放在腹部肚臍處，放鬆全身，先自然呼吸，然後吸氣，使腹部鼓起，最大限度地向外擴張腹部，胸部保持不動；呼氣時，腹部自然凹進，向內朝脊柱方向收，胸部依然保持不動。如此循環往復，保持每一次呼吸的節奏，體會腹部的一起一落。腹式呼吸是生完的那一瞬間開始就可以練的，它可以幫助、配合胎盤的娩出。胎盤娩出後繼續做腹式呼吸，可以幫助子宮止血和複位。腹式呼吸還可以刺激腸胃蠕動，幫助排便，促進腹壁內收。腹式呼吸簡單易學，站、立、坐、臥皆可，隨時可做。產後媽媽以躺在床上為好，腹式呼吸對子宮有極好的按摩作用。

交叉式腹式呼吸和肋骨式呼吸

月子裏，除了腹式呼吸，還有兩個可以練習的呼吸運動，交叉式腹式呼吸和肋骨式呼吸。

交叉式腹式呼吸，是讓產後媽媽屈膝仰臥，小臂交叉，雙手放於對側的腹部兩側——肋骨下緣與髂骨之間的位置。吸氣時，腹部隆起，感覺把小臂和手撐開；呼氣時，雙手對抗腹部的力量，幫助腹部往內、往裏收。如此重複。它除了具有腹式呼吸的好處外，還增加了幫助腹直肌分離癒合的功效。但是注意，腹圍、腰圍過大或乳房過大的媽媽，可以用長毛巾或圍巾代替手臂，在練習的過程中一定不要壓迫胸部。

肋骨式呼吸，是讓產後媽媽雙手放於胸部下方肋骨外緣，手和肋骨始終微微對抗。吸氣時，肋骨擴張，雙手向外打開；呼氣時，肋骨內收，雙手也隨之向內。它能幫助修復和調動膈肌的力量，預防和調整肋骨外翻，喚醒核心肌群。

跟我做
FOLLOW ME

月子裏的腹式呼吸：

❶ 屈膝仰臥，將手放在肚臍之上，吸氣，腹部微微隆起。

❷ 呼氣，微微收腹部，肚臍位置向下、向內收，去貼靠腰椎的位置，重複數次。

注意： 不要憋氣，次數以自己感覺舒適為宜，產後第一天就可以練習。

好處： 促進子宮復舊，止血，刺激腸胃蠕動，幫助惡露排出，預防便秘，緩解背痛。

交叉式腹式呼吸：

❶ 屈膝仰臥，小臂交叉，雙手放於對側的腹部兩側。

❷ 吸氣，腹部隆起，把小臂和手向前、向外撐開；呼氣，雙手對抗腹部的力量，幫助腹部往裏收。重複數次，若腹圍、腰圍過大或乳房過大，可用長毛巾或圍巾代替手臂。

注意： 有痔瘡或脫垂現象的媽媽不建議練習；雙臂交叉時不要壓迫乳房；長圍巾交叉內收時用力要輕緩，圍巾寬度要包裹肋骨下緣到骨盆上緣的距離；呼氣內收時配合會陰微微收緊效果更佳。

好處： 在腹式呼吸功效的基礎上按摩子宮，幫助腹直肌閉合。

肋骨式呼吸：

❶ 雙手放於胸部下方肋骨外緣，手和肋骨始終微微對抗，吸氣，肋骨向前、向外打開，雙手隨之外展。

❷ 呼氣，肋骨內收的同時，帶動雙手也隨之向內，重複數次。

注意： 始終保持骨盆穩定，雙手和肋骨微微對抗。

好處： 調整肋骨外翻，緩解上背疼痛。

以上這 3 種呼吸方式，月子裏可以練習，整個產後時期也可以練習。

月子裏的會陰收束法

會陰收束法也叫凱格爾運動（Kegel exercise），早期是由美國婦產科醫生提倡的、針對懷孕婦女的處方指定運動，後期發現好處不止於此而廣泛推廣。凱格爾運動借由重複收縮和伸展骨盆底的恥骨、尾骨肌來增強肌肉張力，也就是女性的會陰肌，也叫凱格爾肌肉。會陰收束法不會影響傷口癒合，沒有不能練習的時候。它是一種獨特的、私人化的、令人愉悦的體驗、運動，有些人甚至會感到微妙的幸福感——意念快感。會陰收束法可以躺着練、坐着練、站着練、走着練，大多都是老師教會後，平時自己練，不會在課堂上專門練。

會陰收束法的練習，可以想像要小便時，突然憋尿，呼氣上提，憋住，3、2、1，3 秒鐘後吸氣放鬆，1、2、3，3 秒鐘後又憋住，如此循環。不要真的在小便時憋尿進行練習。重複 10 次為一組，每日 3 組以上，逐漸增加到 25 次為一組。運動的全程保持正常的呼吸，保持身體其他部分放鬆，可以用手觸摸腹部，如果腹部有緊縮的現象，説明腹部代償、運動的肌肉錯誤。

凱格爾運動常被用來治療女性的尿失禁問題，預防和減輕生殖系統紊亂問題，減輕便秘和痔瘡等。對產後媽媽來説，凱格爾運動可以預防和治療陰道脱垂、子宮脱垂，治療產後壓力性尿失禁，促進子宮和陰道的修復，使它們恢復正常彈性，幫助產後媽媽恢復正常性生活等。產後脱垂一般要用醫療手段治療，但是只要正確練習，輕度脱垂通過 1 個月的鍛煉就可以解決，2 度以上的脱垂 1~2 個月就可以恢復到輕度。

產後修復瑜伽的練習都是很和緩的，沒有大量的出汗現象，因為對產後哺乳的媽媽來說，大量出汗是一種禁忌。以上3種呼吸運動或者肌肉運動，看起來很細微、枯燥，但是值得認真練習、堅持練習。產後修復的瑜伽課，上一整節課可能就只看到在做幾個重複的動作，即使是私教，體式也不可能很多。產後修復就是得重複做，它是針對一個部位有重點的、恢復性的練習，正確且次數達到了才有可能保證效果。就像健身教練讓你雙手舉鐵上下一樣，用一節課、幾節課練這一個動作，才能達到練肩、胸或腹肌的目的。

需要注意的是，如果是產後第一次做這種瑜伽練習，練完之後惡露會有增多的現象；或者惡露在已經消失的情況下，會重新出現；或者已經產後幾個月了，練完之後發現內褲上有一些血性的分泌物、咖啡色的分泌物——都不用擔心，這是一種正常的身體表現。我們的子宮不是那麼光滑，陰道裏面更是佈滿褶皺（陰道褶皺越多越年輕），所以呼吸的練習、收腹、一些扭轉的體式讓我們腹內、子宮得到按摩，殘餘的惡露就排出了。媽媽們不用擔心，放輕鬆就好了，盡可能地享受這個練習，而不是懼怕這個練習。

但有些媽媽月子後可能沒有做相應的檢查，如果練習後排出物是血液狀，需要立即就醫檢查。因為有可能是子宮肌瘤或者其他部位在練習中摩擦、破裂、出血，一定要看醫院的檢查結果，遵從醫生囑咐。

修復和修行一樣，永遠都是由

內及外的。子宮的修復和保養就是堅持做腹式呼吸和練習會陰收束法。

市面上有一些號稱「暖宮」的課程，其實並不科學。人體常態的溫度是37°C左右，你的子宮本來就是暖的。「暖宮」不過是商人們營銷的商業概念。我認為，子宮保養注意生孩子後別着涼，儘早產後修復，就好啦！

・王昕説・

據調查，女性最喜歡的三大運動是跑步（53%）、散步（40%）和做瑜伽（35%）。現在你知道了，還有兩個運動，女性更應該一直做、喜歡做，那就是可以按摩子宮的腹式呼吸和會陰收束法，更能增加女性深層魅力喲！

腰腹恢復

我們傳統的生活方式對孕產有很多錯誤的認知，孕媽媽常常聽到這樣「安慰」的話：

「腰疼啊？你辛苦了，生完就好了！」

但是我們的思路可以變一變，你腰疼，應該做些什麼讓腰不疼呢？

負責任地告訴你：腰可以不疼的。不僅可以不疼，還可以恢復得和沒有生孩子時一樣。

腹直肌修復

產後腰腹恢復，第一個看腹直肌的修復。

腹直肌是什麼？

就是民間俗稱的馬甲線。人體腹部左右各有一條長長的條索狀肌肉，正常狀態下兩塊肌肉靠筋膜連在一起，這就是腹直肌。有些人練出 8 塊腹肌，就是靠運動牽扯，筋膜、肌筋膜把它變成了 8 塊。它參與內核心，穩定脊柱、穩定內臟、維持正常的腹盆腔壓力。它如果沒有修復好，產後媽媽們可能會腰骶部疼痛、恥骨疼痛、背部疼痛、腰椎不適、肋骨和膈肌帶不適，會有疝氣或者大小便的問題等。腹直肌分離過大，且常年沒有修復，會造成腹部過大，很多人產後多年肚子依然減不掉，就是這個原因。

懷孕期間，出現在女性肚皮上的黑線叫作腹白線——其實男人、小姑娘也有，只是不明顯——長長的，以肚臍為中心，向上下兩端延伸，從恥骨延伸到劍突。十月懷胎，隨着肚子變大，腹直肌在腹白線的位置被子宮向兩側撐開。撐開實際上是一個正常的過程，一朝分娩，它自己會慢慢地恢復閉合，但是完全閉合幾乎是不可能的。腹直肌正常的分離對人體沒有功能上的影響，但是過度肥胖造成的過度分離，或者多次分娩可能導致的過度分離，就會產生上面一系列的問題。

媽媽們都可以學習一下檢測腹直肌的方法：

屈膝仰臥位，抬起上半身，肩胛骨的下角保證離開地面，這時檢測3個點：肚臍、臍上4指和臍下4指的位置。手指壓過脂肪，你會摸到這兩條硬硬的肌肉中間的空隙，把手指頭豎起來，看看可以放進去幾根指頭——有些很胖的媽媽，脂肪層很厚，檢測時要左右輕推開、透過脂肪去摸。有些人只可以放1指或小於1指，有些人能放3個手指，有些人甚至能放一個拳頭。你檢測中最大的分離指數，就是你腹直肌分離的寬度。腹直肌分離小於2指屬正常，分離2指或以上就需要醫學干預了，它會影響身體的機能，很多瑜伽體式、運動都不能做，嚴重的還會加劇身體疼痛甚至危害健康，必須修復。

還在月子裏的產後媽媽，對腹直肌的閉合不要着急，因為鬆弛素還在，假像的閉合一推就可以推開——月子裏檢測時不要一直往外推自己的腹直肌，真正的閉合，還是要給它建立力量。腹式呼吸可以啟動腹直肌，喚醒腹橫肌和盆底肌的力量，多做內核心的啟動和穩定練習，腰腹肌肉的力量就會恢復。

跟我學
FOLLOW ME

腹直肌檢測方法：

❶ 屈膝仰臥，一手4指置於腹部中線測量3點位置：肚臍、肚臍上4指、肚臍下4指。

❷ 抬頭抬肩，讓肩胛骨的下緣離開地面，用食指、中指併攏，感受腹直肌之間的距離。

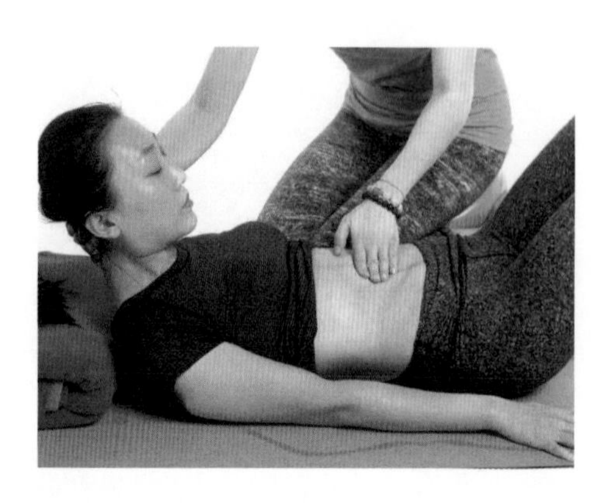

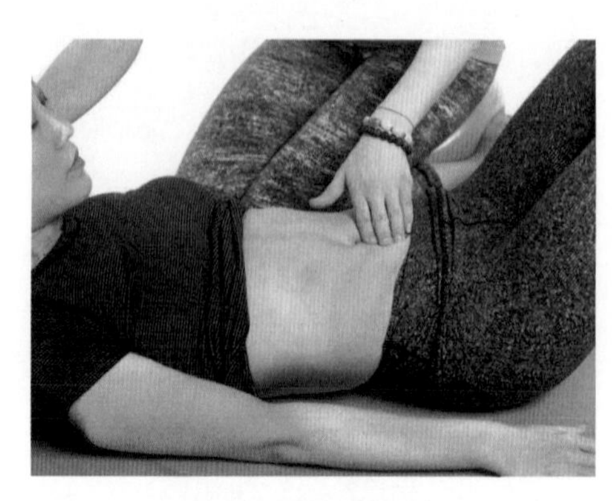

❸ 若2指之內則為正常，可以配合呼吸和內核心穩定進入腹部力量的練習。

❹ 若腹直肌分離大於2指，則必須先進行腹直肌的修復。

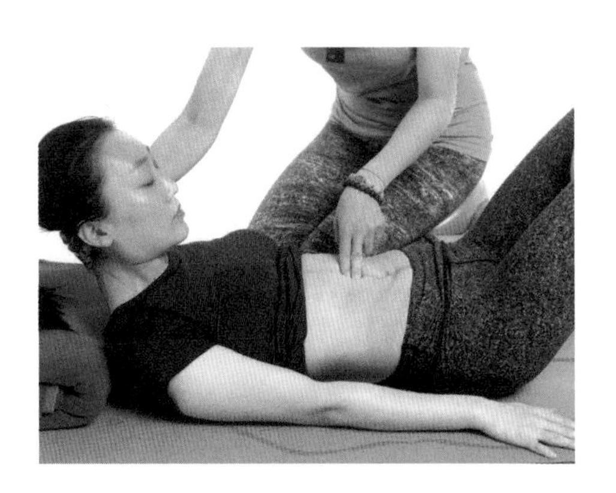

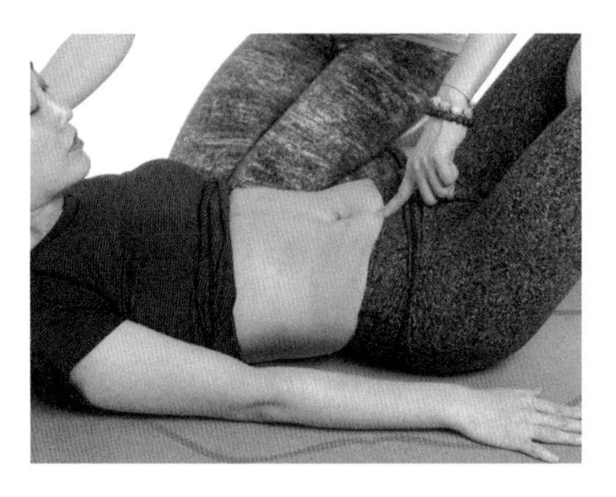

腰腹恢復健康與否，跟體形胖瘦沒有太大關係。

體形好的，不一定恢復得好。我教過很多產後修復的課，常常邀請產後媽媽在課堂上幫忙做示範。有的媽媽上來剛掀開衣服，大家「哇」地讚歎，感慨她平整的小肚子、纖細的腰，覺得恢復得挺好啊！結果我一按壓，她自己一做動作，腰腹完全無力！腹部只工作兩秒鐘就洩氣了……這往往意味着她的腹橫肌還不會工作，腹直肌還沒有修復。同樣的課堂上，也會有另外的媽媽，一眼就看得出是產後的那種圓潤豐滿。大家是不是覺得人家肯定恢復得不怎麼樣？事實上，腹直肌檢測，她的腹直肌分離不到1指，做動作有力量，腰腹恢復得很好。

產後肚子平整與否、胖瘦與否，真的跟恢復得好不好沒有關係，不要被外在表像迷惑。也不要過早追求外在美感，腹直肌的分離還沒有閉合的時候，不要着急練肚子、急減肚子。

腹直肌有一個功能，就是維持腹部捲曲狀態。如果你的腹直肌還分離着，你這個時候總是捲腹，有可能讓腹直肌分離變更大。有可能你懷孕的時候並沒有分離那麼大，但因為你產後一直在捲肚子——本來它慢慢可以回來的，可是你運動把肌肉變硬，又一捲腹，相當於把它往兩側一掰。就像崩開了的拉鍊，你越讓周圍緊繃，崩開的口子就越大。仰臥起坐本來可以練腹直肌，但是在腹直肌分離的情況下做，就是傷害。

現代很多過度肥胖的男士也一樣，如果肚子上總有一堆肉懸在那裏減不掉，很有可能和產後體重過重的媽媽一樣，是腹直肌分離導致的，可以先做腹直肌恢復，再通過啟動內核心、呼吸的練習，慢慢減肚子。腹直肌沒有修復時，依賴束腹帶、束身衣都是不對的。剛剛生產完時，可以用它們起固定作用，但過度依賴就會讓肌肉形成惰性，內核心不會工作、腰腹無力，甚至會引起內臟脱垂，就得不償失了。偷懶不僅有可能毀了你的身材，更有可能毀了你的健康生活。

胖不是罪，瘦不是罪，讓自己受罪的身體才是罪！如果產後媽媽體重過重，導致腰部脊椎已經變形了，這就不適合練任何其他體式，需要先放鬆和伸展。放鬆肩部、頸部、背部，再做月子裏的呼吸練習、仰臥的練習，最後才適合做功能性的恢復練習。這樣的產後媽媽只能上私教課，做針對個人量身定制的調理、修復，才能真正有效恢復。上大課或者自己練的，很容易只是拱着背、擺樣子，有可能也出汗，也會瘦，但是該疼的地方還是會疼，實質性的問題並沒有解決。

這兩年流行「A4」腰，薄薄的、瘦瘦的，好看——這種腰十有八九會腰疼！現在不疼可能只是因為還年輕，等懷孕、生孩子或者上年紀了，一定會疼。「A4」腰就是畸形審美。

那「腰精」呢？

人魚線、馬甲線、8 塊腹肌一個不少的小「腰精」，也不一定就是健康的好腰。肌肉也有「死」肌肉、「活」肌肉之分。很多肚子練得特別緊的人，看起來就是笨笨的肉疙瘩，腹部常會有腸脹氣、腸黏連的疼痛。這就是「死」肌肉，是肌肉和筋膜都太緊張造成的，腰腹有力量但是不夠有彈性。「鮮活」的腰，才是好腰。區別就在於腰腹的啟動和放鬆，鍛煉之後要伸展。一堂完整的產後腹直肌修復課，也要在拉伸體式結束後，才進入休息階段。這樣練習，腹部線條才會修長、好看，是柔美而不是健美。

跟我做
FOLLOW ME

腹橫肌鍛煉：

屈膝仰臥位準備，雙手大拇指放於髂前上緣內側1厘米處；自然地呼吸，呼氣時意識帶動小腹收緊上提，找向肚臍的方向，同時感受大拇指指腹下方開始變硬；吸氣放鬆，小腹還原，指腹下開始變松變軟，重複5~10次。

加強版

可雙腳離地，大小腿呈90°，吸氣準備，呼氣時小腹收緊，帶動臀部離地。

注意： 大腿與上身的角度始終不要小於90°。

腹直肌鍛煉：

屈膝仰臥位準備，雙腳踩地，雙手十指相扣放於後腦勺，雙肘始終外展；吸氣準備，呼氣，保持臀部壓實地面，肋骨內收帶動胸椎、雙肩、雙臂、頸椎和後腦勺依次離開地面，下巴離鎖骨窩一個拳頭的距離；吸氣，從胸椎開始依次還原到地面，重複5~10個回合。

注意： 整個過程，手和後腦勺始終貼實，胳膊肘始終外展。

加強版

雙腳離地，大小腿呈 90°，大腿和上身呈 90°。

腹內外斜肌鍛煉：

❶ 仰臥，雙手手心向下壓地，雙腿併攏抬離地面90°。

注意：剖宮產後3個月以上練習；腰椎間盤突出者禁止練習；肩膀不能離地。

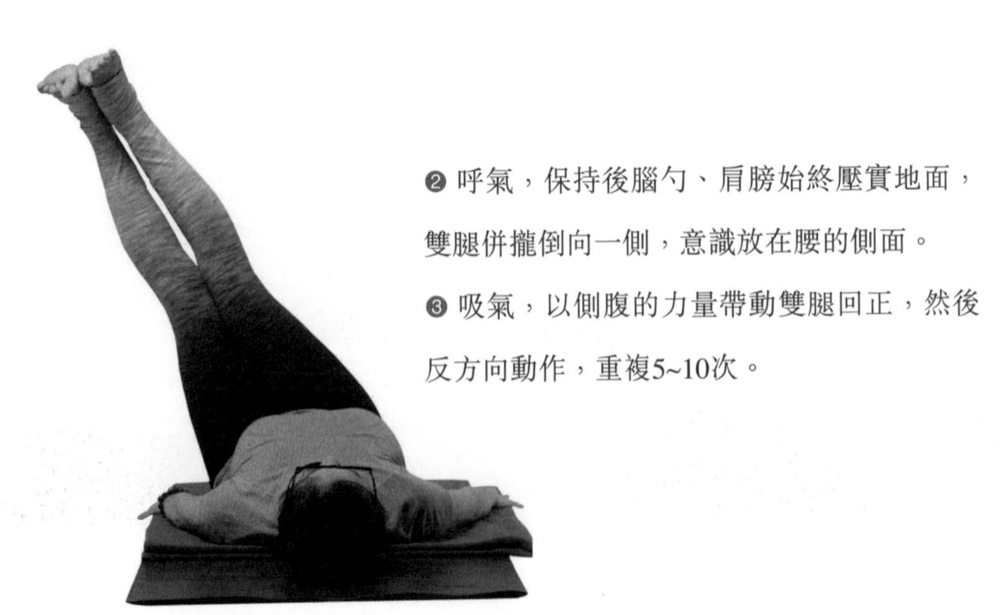

❷ 呼氣，保持後腦勺、肩膀始終壓實地面，雙腿併攏倒向一側，意識放在腰的側面。

❸ 吸氣，以側腹的力量帶動雙腿回正，然後反方向動作，重複5~10次。

腹部拉伸——眼鏡蛇式：

❶ 俯臥，雙手放在胸部前方墊子兩側，手臂推直，胸口提起，收下頜，哺乳期的媽媽避免壓迫乳房，雙腳打開略微超過骨盆的寬度，保持腹部始終微微內收。

❷ 吸氣，胸口上提，帶動脊柱逐漸後彎，胸部、腹部離開地面，找到身體前側伸展的感受；自然呼吸，在此處保持5~8次呼吸的時間。

注意： 腰椎不舒服的可以保持微微屈肘。

❸ 側腹側腰伸展，在上一步驟的基礎上，隨着呼氣，胸口帶動雙手向一側移動，手始終和肩膀一樣寬，保持胸口上提，肩膀遠離雙耳，找到側腰和腹部拉長的感覺；同樣，自然呼吸，保持5~8次呼吸的時間。

注意： 剖宮產3個月以內禁止練習；嚴重的腰椎間盤突出者禁止練習；若腰椎有不適，雙手向前向外打開的幅度可以變大；伸展和扭轉的過程中保持腹部收緊。

❹ 吸氣回正，隨呼氣做反方向練習，感受側腰拉長，恥骨、肚臍、胸口上提。

腹部放鬆——寬嬰兒式：

跪立，雙膝微微打開，給胸部空間，腳背着地，大腳趾相觸，臀部坐在腳後跟上，雙手握拳重疊，眉心或額頭抵在拳頭上。

注意： 保持脊柱伸展，不塌腰駝背；避免壓迫乳房。

剖宮產傷口瘢痕和妊娠紋修復

先將腹直肌修復、內核心啟動，內在的傷害修復了，再來考慮外在的修復。

很多媽媽不懂預防，產後肚子還是黑色的，有色素沉澱，或者滿是妊娠紋，特別難看，不願意被人看到——產後是媽媽身心最敏感、脆弱的時期，妊娠紋或者瘢痕讓她們特別自卑、難過。其實，妊娠紋與傷口瘢痕不管存在多少年，通過筋膜的按摩、傷口的處理，都是可以慢慢恢復，直到瘢痕幾乎消失的。

剖宮產的傷口瘢痕、妊娠紋和身體任何部位的瘢痕，處理思路都一樣，那就是給筋膜放鬆。我們的肌肉、內臟外面都有一層筋膜，保護着我們。以前很少人在意這個筋膜，現在越來越多人知道了它的重要性，它維持着皮膚的彈性。比如剖宮產的傷口，如果皮膚表層長好後，底下筋膜的傷口仍是打結的，沒有恢復舒展，就會引發很多疼痛。這些筋膜結節，越早處理越好。

剖宮產 3 個月以內，傷口內部還沒長好，可能還在出血，但你可以從最外圍開始，由外圍慢慢按摩到中央，配合修復皮膚的油或者乳液，舒緩傷口周圍的筋膜緊張。給產後媽媽做按摩的時候，先選擇一小塊肌膚，壓住，輕輕抖動，問她疼不疼。如果不疼，說明那個地方沒有打結；如果疼，就從那裏開始按摩。

妊娠紋也是一樣的，先破壞妊娠紋的組織，再抹上椰子油或者其他修復皮膚的乳液或按摩油來按摩。剛剛處理完的妊娠紋或者傷口周圍會發紅、發癢，這都是正常的，說明刺激到了，不用害怕。

痊癒的傷口處理時，如果有刺

痛感，那都是筋膜還沒有恢復好，需要先回到筋膜按摩舒緩的步驟。舒緩按摩完了，再做「擀皮兒」處理。健康的身體，比如小孩子的，你捏他的皮很容易，但是大人的或者有傷口的皮膚，常常很難捏起來。皮膚捏不捏得起來，跟胖瘦沒有關係，跟裏面的筋膜是否緊張有關係。捏不起來，說明身體裏面都是結節，筋膜和肌肉過度緊張，這樣人很容易氣血不通。緊張的人肌肉不放鬆，怎麼練也很難瘦下來。

學會傷口或者妊娠紋的按摩處理後，新手媽媽就可以自己來，或者教老公來做。腹部的筋膜放鬆開了，紋路、瘢痕也就消失了。即使是縫合的傷口，產後3個月開始處理，最後也會變成一條隱隱的白線，幾乎看不見。到孩子1歲的時候，幾乎就沒有了。

·王昕說·

什麼樣的腰是好腰？

內在有力量，外在有彈性。

大道至簡，產後腰腹恢復就是持續做最簡單的運動和按摩，先讓腰腹有力量，再有美感。媽媽們，孕期腰疼是不正常的，我們不但可以避免，還可以用行動消除一切醜陋的紋理或瘢痕，還自己一個鮮活的好腰！

跟我學 FOLLOW ME

剖宮產傷口瘢痕按摩：

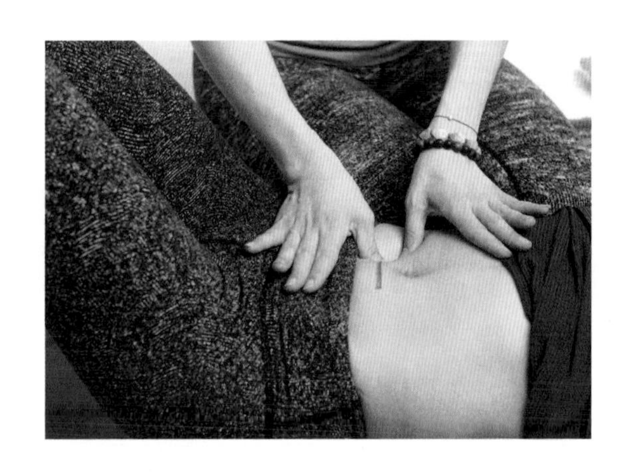

❶ 從遠離傷口的位置開始，拇指慢慢向下滲透。發力不要用爆發力，持續性地由輕到重，每一處持續10秒左右的時間，再緩慢從外圍向傷口的方向移動，直到處理到傷口的周圍。

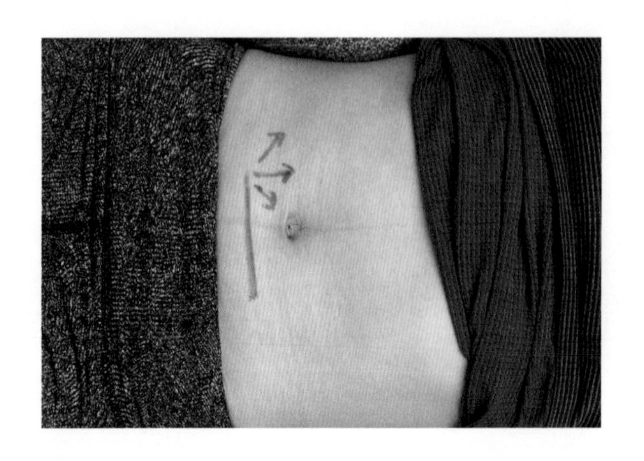

❷ 固定傷口，向上畫半「米」字。一手固定傷口，一手向面部的方向水準用力拉，然後回位，向斜前方用力，再回位，向斜外方用力。

❸ 按照箭頭的方向持續用力，上下一樣，一手固定，一手按摩。

注意： 傷口區域按壓的處理要求在傷口完全癒合後（建議產後3個月以上）；若有痛感，不要用暴力；按摩之後傷口周圍有輕微發紅、發脹屬正常現象。

❹ 傷口周圍畫「米」字。在前兩個步驟的基礎上，若傷口癒合良好，可將雙手大拇指放於瘢痕上下，滲透之後指腹同時向上下的對角線方向移動用力，直到整條傷口處理完畢，從左到右，從右到左，1~2次。

注意： 產後至少3個月以上才可做這一步，不可用蠻力，整個過程指腹沒有離開腹部。

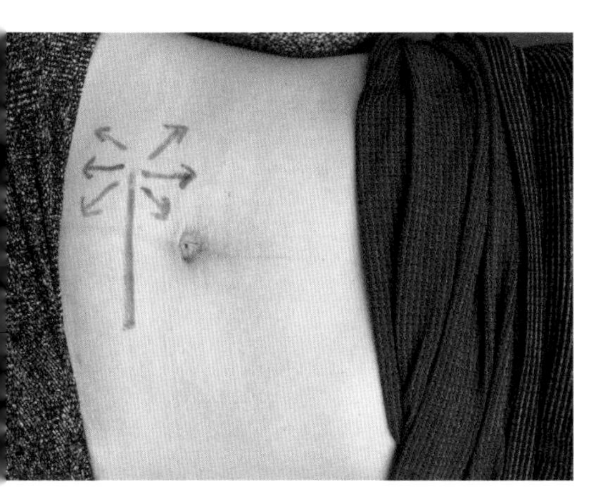

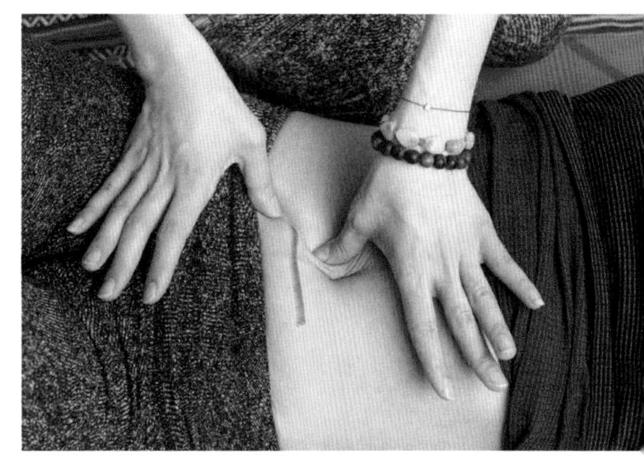

骨盆和臀髖胯修復

作為一個瑜伽老師，我一直強調一點：身材百無禁忌，健康只有一個標準。產後是要變得纖細如初，還是豐乳肥臀，一直都不是我們教學的重點。美貌不是我們生活的必需品，健康才是。

我們追求美、探尋美，這是生活中的良性情緒，與時尚流行、奢侈品牌其實並沒有多大關係——那很有可能是一種審美焦慮和流行綁架。健康是我們應該追求的生活中真實、永恆之美。健康的生活方式——沒毛病，身體各個部位都沒毛病，這才是對美最永恆的追求。

盆底肌修復

產後修復有一類隱疾，很多媽媽都不說，因為不好意思說，也不太好說。生完孩子後，她們有時候打噴嚏、咳嗽或者大笑，就會漏尿。全球這類女性人群在產後媽媽中佔到45%以上，突然的體位改變，比如快走、跑、跳等，就會漏尿，是一個說大不大、說小不小的困擾。漏尿和產後盆底肌未完全修復有直接關係。盆底肌損傷造成的另一類隱疾，很多媽媽更是三緘其口：性冷淡、性交痛。性是人類婚姻生活最基本的親密樂趣，而相當一部分女性產後出現陰道前後壁輕度鬆弛或脫垂，興奮性下降，加上產後激素變化、陰道黏膜乾澀、會陰傷口恢復欠佳等，直接影響夫妻性生活質量。

盆底肌在骨盆的下段，指封閉骨盆底的肌肉群，它構成內核心的一部分。它由外肌肉筋膜層、泌尿生殖層和內肌肉筋膜層3層構成，這一肌肉群猶如一張「吊網」，尿道、膀胱、陰道、子宮、直腸等臟器被這張「網」緊緊「吊」住。它維持盆腔、腹腔器官在正確的位置，維持我們的泌尿生殖系統，同時維持正常的性興奮、性衝動和性行為。一旦這張「網」彈性變差，「吊力」不足，便會導致「網」內的器官無法維持在正常位置，從而出現相應功能障礙。

盆底肌損傷，如果是脫垂的話，前側脫垂就是陰道壁脫垂，後側就是肛門的問題。有些情況會造成漏便、便秘，或者小便排泄障礙。嚴重的盆底肌脫垂請去看醫生，越早去看醫生越好，瑜伽只處理正常的鬆弛問題。產後不及時鍛煉的女性，接受了前列腺某些手術的男性，特別肥胖者，常提重物或是站姿不對的人，都可能盆底肌肉鬆懈，或者過度牽扯盆底肌肉而使其不再緊緻、有力。所以男性也一樣，可以做盆底肌的練習。

盆底肌修復的關鍵是，我們要讓它有彈性。

盆底肌不止鬆弛會有問題，緊張也會有問題，好的盆底肌要該鬆的時候鬆、該緊的時候緊。太鬆弛則懈，太緊張容易發生痙攣，反倒更容易懈。所以收、松自如，一定要練到恢復彈性，才是最好的盆底肌修復。

產後媽媽的盆底肌問題到底是鬆弛還是緊張導致，要看她的盆底肌檢測報告，這也是一定要做產後42天檢查的原因。要有報告可看，依據具體症狀選擇相應的練習，不能瞎練。

盆底肌報告看快肌、慢肌和靜息狀態3個性能。

簡單來説，可以這樣辨認是哪個性能的問題：尿到一半，瞬間能把尿憋住，這是快肌在工作；憋尿可以憋5秒、10秒的過程，這是慢肌在工作；憋了一陣之後能繼續順暢地尿，這是靜息狀態的放鬆在工作。這3個正常的性能，盆底肌缺一不可。漏尿或者性交痛可能是快肌或者慢肌性能的問題，也可能是靜息狀態的肌張力過高的問題。

如果是快肌的問題，可以用會陰收束法，練習快速地收，再慢慢鬆。慢肌問題，則要收住保持3秒，再鬆弛保持3秒。如果是靜息狀態肌張力過高的修復，以上兩種練習都需要做。如果沒有盆底肌檢測報告，或者不確定是哪裏的問題，這個練習就收幾秒、鬆幾秒，收、鬆的時間控制在5~10秒就好。

順產媽媽會陰側切或者撕裂往往伴隨着瘢痕，瘢痕容易讓周圍的肌肉筋膜緊張，也會導致性交痛。有這種情況的，需要根據個人情況制訂方案，醫學手段、手法按摩和盆底肌修復的產後瑜伽練習，都可以有所幫助。一般輕微的脱垂或緊張，產後修復瑜伽就可以修復。

跟我做
FOLLOW ME

盆底肌基本練習：

❶ 大家可以在任何姿勢下做這樣的練習——屈膝仰臥、坐在瑜伽球上或手膝支撐。

❷ 練習時可以想像骨盆底肌在乘坐電梯，配合吸氣準備，呼氣，骨盆底肌由下至上依次收緊，吸氣時就像電梯下降那樣，由上至下逐一放鬆。

注意： 整個過程不要憋氣，若找不到感覺，可中途憋尿（截斷尿液排出）去找感覺，但切記，找到感覺之後，千萬不要在小便時練習，否則容易出現尿路問題

加強： 若熟練掌握以上練習方法，則可以加強與呼吸的配合。比如，吸氣準備，呼氣3秒，逐一向上收緊盆底肌；繼續呼氣，保持收緊的狀態3秒，隨之吸氣4~5秒的時間，慢慢放鬆。這是一個回合，若要保證效果，每天30~100次，練習到位，會陰區域會微微發酸。

橋式：

❶ 屈膝仰臥，吸氣準備，呼氣，盆底肌收緊，同時捲尾骨、恥骨上提「找」肚臍，臀部離地，進入「橋一」；吸氣，盆底肌放鬆，同時臀部慢慢放下，坐骨下沉，骶尾部壓向地面，腰部微微懸空，創造腰區弧度，重複數次。

❷ 若惡露排淨，可以進入「橋二」：在「橋一」基礎上繼續呼氣，脊柱一節節上捲，直到腰椎、胸椎離地，肩與膝蓋呈一條直線，此時肋骨下沉，同時腹股溝區域伸展向上，吸氣保持，呼氣，逐節還原，配合盆底肌的放鬆，重複數次。

盆底肌的練習，不管男性還是女性，不管是生過孩子還是沒有生過孩子的，都可以練，都要守住自己日常親密生活的底線。

骨盆修復

盆底肌修復好了，骨盆平衡、穩定，沒有單側的前旋或者前傾、後傾、側傾，骨盆正位，周圍的力量調動起來，臀胯自然就會變回原來的樣子。不用專門去收胯、收骨盆，市面上那些收骨盆的廣告很多都是違背醫療原理，極其不科學的。

強行的手法收骨盆有可能會壓迫神經，造成極其嚴重的後果。自古萬事，欲速則不達，就像我們做瑜伽一樣，有一種熟練叫作「最糟糕的流暢」。就是説做體式時，看起來標準、熟練、流暢，但是如果練習者的注意力、心力都不在身體上，體式的內在力量使用都不對，這就是「最糟糕的流暢」。這種時候，停下來，最好不要做。熟能生巧只是外在，內在的修復只能花笨力氣。聰明人肯花笨力氣，這是所有真正的成功的秘訣。

產後修復瑜伽有很多很好的幫助收骨盆的體式，認真花力氣去做增強肌肉的力量和穩定的練習，骨盆自然就閉合了，大轉子進來了，假胯寬自然就消失了，根本不需要用手法往裏擠。你自己有控制的能力、有穩定的力量，髖窄腰細才是真正的髖窄腰細。

臀部修復

健康基礎之上，才能追求好身材。真正的好身材，不是看瘦不瘦，是看曲線。

最考驗身材的一條曲線是臀腿曲線，就是臀和大腿交界的曲線。很多號稱「身材很好」的人，並沒有這條曲線。這就需要臀部塑形。

切記，臀部塑形的練習，一定是在一切內在機能恢復好之後。當產後媽媽們的內核心、腹直肌、盆底肌等內在都修復好了，穩定了，也出月子了，惡露消失了，沒有產後性交痛等問題了，才能練習臀部塑形。美臀的練習和深層肌肉力量有關，會帶動深層的盆底肌，如果損傷還未修復，就會造成性功能障礙。一般孕產瑜伽、產後修復瑜伽，都是最後一節課才教臀部修復。

另外，臀部練習還要會休息、會放鬆。臀部訓練非常容易引起深層的盆底肌緊張，造成肌張力過高的現象，媽媽們每次練習的時候一定要根據自己的情況，需要休息就休息，不可勉強。

臀部練習可以提高臀線，調整左右臀線至一致，結實臀部肌肉，翹臀瘦臀。所有產後的臀部練習，只教給大家方法，不代表每個人都要做到或做完。做臀部練習累了就要適當地休息，一定要在自己身體的全部機能都恢復健康後再做。媽媽們只要樂意、堅持，產褥期後每天做一次，產後半年後早晚做一次，一年半載之後，就會擁有很飽滿、健康、漂亮的臀部曲線。

啟動臀大肌：

俯臥，雙肩放鬆不聳肩，手肘重疊放在額頭下方，腹部內收，一條腿直腿抬高，輔導人員一手放於練習者臀部上方（臀大肌位置），一手放於小腿肚，向下對抗；吸氣，腿向上抬高，呼氣，臀肌發力對抗的同時落地，動態練習雙腿各 10 組。

注意： 哺乳期媽媽腹部下方墊毛毯，不要壓迫胸部。

啟動臀中小肌：

屈膝側臥，後背、腳踝、臀部在一條直線上，輔導人員一手放在練習者臀部斜外側（臀中肌位置），另一手放膝蓋外側，微微對抗；吸氣，保持雙腳併攏，上方膝蓋抬高，呼氣，手膝對抗的同時把膝蓋還原，動態重複 10 次。

注意： 雙腳腳跟疊在一起，腹部內收，膝蓋抬高時不要掀髖，始終保持骨盆穩定。

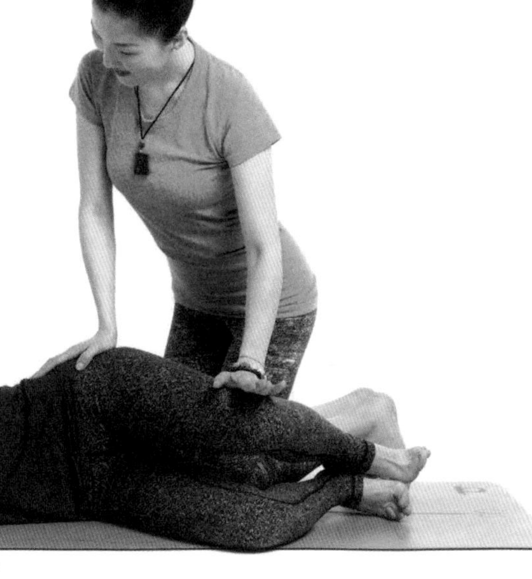

側躺式臀中肌練習：

❶ 側躺屈膝，頭下墊磚（或小枕頭），頸部放鬆，後腦勺、後背、腳踝、臀部在一條直線上。

注意： 收住腹部，骨盆穩定，前側手指輕觸地。

❷ 保持腹部肋骨內收，呼氣，膝蓋外展找向天空，吸氣落，動態練習10組。

❸ 放鬆體式，屈膝到腹部上方，手指抱住膝蓋，伸展一下臀部肌肉。

❹ 伸展畫圈，解開手肘放在原來的位置，足跟順膝蓋方向蹬出去，腿抬高平行於墊面，或者與骨盆一樣高，腳尖回勾，自然呼吸，臀肌發力，帶動腳後跟向後、向外畫10個碗口大小的圓。

注意：收住肋骨，收住腹部，翹一點點臀創造出腰部曲線，自然呼吸。

❺ 前後伸展，屈膝到腹部，大小腿盡力平行於地面，膝關節不內扣。

注意：收住腹部，骨盆始終穩定。

❻ 呼氣，腳向後蹬出去，吸氣，膝蓋完全向前，腹肌發力收回來，動態練習10組。

❼ 後側畫圈，腳趾回勾，足跟向後伸展，臀肌發力帶左腿畫10個碗口大小的圓，動態練習10組。

注意： 骨盆穩定，收住內核心，收住肋骨。

❽ 水平抬起，畫圈，上方腿伸直，腳後跟、臀、背呈一條直線；吸氣，水平抬起略高於臀部，呼氣，向下接近地面，動態重複10次；最後一次吸氣，抬高後自然呼吸，保持3~5次呼吸的時間。

跪式臂肌練習：

❶ 四腳板凳式準備，雙膝打開與骨盆同寬，雙臂打開與肩同寬，十指大張，手腕在肩膀的正下方，肘窩相對，肩膀遠離雙耳，後腦勺、後背、臀部呈一條直線，腳趾回勾壓向地面。

注意： 不要塌腰駝背，掌根不要過度承重，整個手指、手掌平鋪於地面。

❷ 若手腕不舒服，則屈肘，小臂貼地，肘關節在肩膀的正下方或稍向前一些，膝蓋在骨盆的下方，雙腳回勾，腳掌用力踩住地面，腳後跟指向天花板，脊柱延展。

注意： 內核心始終穩定，肚臍內收，微收下頜。

❸ **臀大肌練習**　重心穩定，保持大小腿始終呈90°，右膝右腳離開地面，腳心指向天花板，保持腹部內收；呼氣，保持骨盆穩定，臀部帶動右大腿向上抬起，吸氣還原，動態練習10組，可做3~5組。

注意： 骨盆始終穩定，不要掀髖，小臂或雙手壓實地面，不要聳肩。

❹ **臀中肌練習**　四腳板凳式準備，大小腿呈90°，呼氣，臀部帶動右膝水準外展，吸氣，還原，動態練習，10次為一個回合，做3~5個回合。

注意： 骨盆穩定，腳趾回勾，收肋骨，小腹上提，大小腿呈90°，大腿與上身的角度呈90°。

❺ 寬嬰兒式放鬆，膝蓋打開，腳背觸地，翹一點兒臀，脊柱帶動身體往後，推臀落於足跟，背部放鬆，手臂放鬆，額頭觸地，調整呼吸。

注意： 保持脊柱延展，不要壓迫胸部。

站式臀肌練習：

❶ 四腳板凳式準備，雙手壓住墊面。

❷ 坐骨向後退，膝蓋離開墊面，肩膀向下壓，雙腳推坐骨向後上方打開，進入下犬式。

注意： 背部延展。

❸ 下犬式　把坐骨推到最高端，腳後跟抬高往上推，屈膝，腳後跟再次推向臀部，把坐骨向上打開。

注意： 保持脊柱始終延展，不駝背。

❹ 交替屈膝　呼氣，屈右膝向前，右大腿找向腹部，左腳腳後跟找向墊面，吸氣，雙膝伸直，呼氣，反方向交替練習，重複3~5個回合。

❺ 站式前屈式　下犬式微微屈膝，抬頭向前看，雙手向後移動，直到重心在雙腳上，雙手在肩膀的正下方，保持脊柱延展，如果駝背的話雙手下可以放磚。

❻ 用臀肌發力帶動腿部，直腿抬，直腿落，左右交替抬腿，動態練習10組。

注意： 保持胸口上提，脊柱延展，坐骨帶動腿向上。

❼ 山式　腳趾指向前方，雙腳紮根大地，微屈膝，恥骨上提，坐骨下沉，肋骨內收，胸口上提，雙肩外旋下沉，雙手用力找向墊面。吸氣，脊柱帶身體向上，呼氣，肋骨內收，小腹收住向上。

注意： 雙腳均勻紮實地站在地上，膝窩柔軟，骨盆穩定，腹部內收，肩膀下沉。

❽ 幻椅式　雙腳打開與肩同寬，腳趾指向正前方，雙膝內側可夾小球，雙手扶髖，呼氣，屈髖向後，屈膝向前，膝蓋在腳踝或腳掌的正上方並對準第二腳趾，上身前傾，自然呼吸，保持，呼氣，手臂提前，向上指向頭頂的方向，吸氣還原，保持屈膝屈髖，動態練習10組。

注意： 骨盆穩定，脊柱延展。

❾ 起跑式　山式站姿，雙手扶髖，保持骨盆穩定，屈雙膝，膝蓋在腳踝的正上方，保持脊柱延展，進入幻椅式。

❿ 右腳向後退一小步，腳尖輕觸墊面。

⓫ 手臂自然垂落。

⓬ 自然呼吸，保持脊柱延展，肋骨內收，不要聳肩，呼氣時發出「xu」的聲音，同時手臂體前抬起指向頭頂的方向，吸氣，體前還原，動態練習10組。

注意： 重心在前側腳上，左右側重複練習。

加強版

後側腳離開地面，左右側重複練習。

注意： 身體始終保持穩定，手臂、背部、臀部在同一條直線上，支撐腿的膝蓋保持微微彎曲。

最終版

戰士三式　一腳支撐，上身前傾，另一腳離地，膝關節伸展，雙手可扶髖，或提前打開在脊柱的延長線上，保持5~8次呼吸，再反方向練習。

注意： 保持自然呼吸，腳後跟、臀部、肩、後腦勻呈一條斜線。

⓭ 山式髖部脈動　山式微屈膝，手扶髖部，吸氣，脊柱拉長，呼氣，恥骨、肚臍、胸口上提，同時臀部收縮往前頂，吸氣回正，動態練習10~20組。

注意： 臀大肌的收緊可以維持骨盆的後傾。

·王 昕 說·

追求永恆之美，可以積極一些，這個世界總是善待那些行動力強的人，在健康之外，說不定它會還你一個美臀。

美胸計劃

世界上最貴的「房子」，就是乳房，它們代表着一個女人的生命、青春和力量。乳房塑造出女性的完美曲線，在青春期發育後，女性乳房便呈半球狀隆起，可是，乳房也偏偏是我們女性同胞的多事之「丘」。

懷孕和哺乳，可以說是乳房保養和保健的大好時機。你有兩座世界上最貴的「房子」啊，你要保護好它們的健康。

母乳餵養有益胸部保養

我是一名堅持且倡導純母乳餵養的媽媽，因為母乳餵養的好處非常多，第一個受益且最大的受益者，就是媽媽自己。

女性在懷孕、哺乳期間，體內孕激素分泌比較充足，可以有效地保護和修復乳腺，減少乳腺增生和其他乳腺疾病的發病率，還可以減少患乳腺癌和卵巢癌的危險。分娩後，只要哺乳方法合理、姿勢正確，不但不會影響乳房的美觀，反而更利於乳房健康。乳汁的分泌會消耗懷孕期間身體積蓄的脂肪，有助於產後身材恢復。寶寶吃奶的勁兒會讓媽媽調動內核心，讓子宮收縮，有助於子宮修復。同時，哺乳期間正是胸部保養、調節大小胸的最佳時期。

母乳餵養對寶寶同樣大有好處。生孩子，是我們人生當中一次非常珍貴的體驗，母乳餵養增加寶寶和媽媽的撫觸，不僅增強親子關係、情感上的連接，更能讓寶寶吸收到更多的營養。母乳是孩子生命成長中最重要的營養供應，世界頂級醫學期刊《柳葉刀》刊登研究顯示，改善母乳餵養行為每年可挽救 82 萬人的生命，其中 87% 是 6 個月以下嬰兒。

哺乳是女性乳房最基本的生理功能。對於剛剛出生的嬰兒來說，母親的乳房就是他的天然糧倉。世界衛生組織建議，嬰兒應該在出生後即時（1 小時之內）進行母乳餵養，並在 6 個月內進行純母乳餵養，不添加水及其他液體和固體食物。女性，只要不是有先天疾病或者乳房發育不良，產後 2~3 天，乳房會增大，變得堅實，局部溫度增高，開始有乳汁分泌。每個媽媽都有可以純母乳餵養的條件和便利。

然而中國的純母乳餵養率非常低。國家疾控中心所做的 2013 年營養與慢性病調查的監測數據顯示，中國 6 個月純母乳餵養率僅 20.8%。為什麼？

我家兩個孩子都是堅持用純母乳餵養的，我知道在我們國家，純母乳餵養有些不容易。

第一，出於各種原因，干預、

影響你的人太多了。產後需要開奶，很多人都是產後 3 天奶水才來，這個開始就困難重重。

我餵老大漠漠的時候，產後 3 天奶水才來。在奶水還沒來的那幾天裏，我的媽媽、奶奶、親戚，月子中心的醫生、護士，都在干預我。還沒下奶，孩子哭，我在等，她們來了就問：「怎麼還沒下奶？」奶奶媽媽、親戚朋友就會建議給孩子餵點兒粥、水、米糊吃，醫生、護士來查房就會說加配方奶吧。也常常聽上課的學員說，有無知又過分的家人會當着你的面，或者背地裏說：「這麼小的胸，只有一層皮似的，怕是沒啥奶！」周圍太多的絮絮叨叨，你可能就會覺得你這層皮下真的沒啥奶。

產後媽媽們本來就在激素和情緒的壓力中，被這麼一說，就更有壓力了。不管之前你有多少專業的知識儲備，你可能都會焦慮煩躁了：「不管了！加配方奶吧！加點兒水吧！」一旦加了任何一種，就很難再進行純母乳餵養了。

母乳餵養，是你和孩子兩個人之間的事情，跟你的奶奶、媽媽沒有關係，跟你的七大姑八大姨也沒有關係；有沒有奶水，和胸大胸小也沒有一點兒關係。我當時堅決拒絕任何人的好意，堅持什麼都不加！我也不想被絮叨，就讓奶奶、媽媽都回家，月子裏親戚朋友儘量不要來看我，只留下我老公陪我。他堅定地支持我，完全地相信我，我才能堅持 3 天，讓孩子邊哭邊吮吸，直到奶水來。有些媽媽開奶容易，生完就有奶水；有些媽媽需要時間和孩子的哭聲、吮吸刺激才能下奶，所以聽到孩子哭，心態一定要好。

剛剛出生的新生兒，胃只有手

指甲蓋或者玻璃彈珠那麼大，前3天不吃，也是餓不壞的。他胃裏還有很多媽媽的羊水、營養物質，不用擔心。本來產後第七天，他的胃才長得跟乒乓球一樣大，如果人工過早干預，早早餵了水或者配方奶，孩子吃飽是不哭了，但同時，他吃飽了就不需要嘬媽媽的乳頭了，不哭、不用吃奶的勁兒嘬乳頭，奶是下不來的。產後要順暢產奶，靠的是孩子強有力的吮吸，把你的乳腺導管嘬通，才能產生母乳。還有，水和配方奶如果過早撐大了嬰兒的胃，就算媽媽奶水來了，一時半會兒滿足不了他的需求，還是得靠水或配方奶。乳腺導管在開始的時候是細絲似的，需要孩子的哭聲和嘬的刺激，慢慢變粗，這需要過程和時間。

第二，好不容易有奶水了，可以純母乳餵養了，但是要堅持半年純母乳餵養，太難了！

24小時人肉糧倉，37°C的溫暖母愛，對產假不足，每天都要像打仗一樣快節奏生活、工作的職場媽媽來說，要至少堅持半年，太難了！即使是家庭主婦、全職媽媽，如果只有她一個人，既要保證自己的奶水充足，又要看好寶寶，也很難顧得過來。而全家總動員的，第一個寶貝孩子，各種意見想法常常互相衝撞，很難只堅持一個科學的觀念……時間、精力、智力、耐力，對每一位哺乳媽媽、「背奶」媽媽來說，就是至少持續半年的戰鬥，我們都欠她們一份敬意。

第三，錯誤的認知導致的。

很多媽媽不願意純母乳餵養，因為她們更注重自己的體形美，她們擔心母乳餵養會讓胸部不再豐潤堅挺、結實飽滿，哺乳後乳房會變得鬆弛、下垂，影響美觀，甚至有些女孩因此有不願意生孩子的念頭。這種擔心完全沒有必要！這是不正確的觀念和信息。科學、正確的母乳餵養對母子皆好，相反，產後不進行母乳餵養，腺體暴露在孕激素作用下的時間短，反而容易導致媽媽內分泌失衡，影響乳房修復，增加患乳腺疾病的風險。

哺乳期應注意的問題

哺乳期的媽媽一定要保持心情愉悅。《千金妙方》說「毒乳殺兒」，毒乳就是指暴怒後分泌的奶。

如果生氣暴怒了，生氣後的奶不要餵孩子，擠掉，給他喝冷凍好的奶或者加配方奶。當然，盡可能保持不生氣，生氣牽扯肝經——肝膽經都走乳房，生完氣後幾乎都會得乳腺炎。乳房是有記憶的，你得了一次乳腺炎，天氣稍微不好、你稍微生點兒氣就又容易得乳腺炎，更困擾自己。

母乳餵養期間要穿合適的、沒有鋼托的哺乳內衣。脹奶的時候，不要憋着，一定要及時排空乳房。不及時處理脹奶，會導致乳腺問題和胸下垂。

萬一脹奶得乳腺炎了，怎麼辦？

冷敷。用冷毛巾或者毛巾包着冰塊敷，這樣可以緩解乳腺炎的疼痛，讓奶稍微變少，好排出來。另外，椰菜和馬鈴薯也是非常好的鎮痛、收斂、消炎的蔬菜。可以把椰菜、馬鈴薯放到冰箱冷藏室裏凍着，需要時，剝下來一片或切成片敷在胸上消炎。消炎就是要用椰菜和馬鈴薯，不要問我白菜行不行、青瓜片行不行——不行啊！

媽媽如果得了乳腺炎，首選藥是蒲公英顆粒，買無糖的，每隔 6 小時喝 2~4 包。脾胃比較虛的媽媽，可能會導致孩子拉稀，拉幾次就沒事了。這時候的母乳可以增強孩子的免疫力。大部分人一得乳腺炎就不餵奶了，不餵奶胸就越來越脹，越來越脹就會導致乳腺炎更嚴重，惡性循環。吃藥調整就好了，不影響餵奶，不用擔心。

哺乳期的大小胸調理

哺乳期是調理大小胸的最好時期。

你們見過哺乳期的媽媽，胸一個 A 杯、一個 D 杯的嗎？有些哺乳期的媽媽就是這麼誇張，因為不正確的餵奶法導致嚴重的大小胸。

大小胸問題一定要在哺乳期調理，過了哺乳期，再怎麼調，效果都微乎其微。因為瑜伽不過是輔助，主要還是靠餵奶習慣。奶水是越刺激越多的，奶水儲量多了，小胸就會變大胸。

如果媽媽大小胸，每次餵奶的時候，先從小的那邊開始餵起。比如，餵完小的，寶寶就吃飽了，那用小的餵了 15 分鐘，用大的那邊只需要再吸奶 5~6 分鐘即可。如果奶沒有那麼多，孩子需要左右兩個都吃才能飽，如果小的吃了 15 分鐘，大的也吃了 15 分鐘才飽，吃飽之後，再用手或吸奶器額外吸小的那邊 10~15 分鐘。每一次，都是從小胸開始刺激，額外刺激小胸，盡可能不刺激大胸，這是最重要的。其次，才是做產後瑜伽。

產後瑜伽可以幫助刺激乳房上的經絡，促進乳房的發育和乳汁的分泌，增加母乳餵養的實現率。它也可以幫助產後媽媽舒緩情緒和壓力，鍛煉過程溫和，結束後喝一大杯溫熱的水，也不影響母乳餵養。科學合理的運動，不管對新手媽媽還是寶寶都是非常有益的。

跟我做
FOLLOW ME

胸部調整體式：

❶ 金剛跪坐準備，雙腳、雙膝併攏，臀部坐在腳後跟上，如果感覺膝踝有壓力就在臀部下方加個小球，保持後背直立，後腦勺在後背的延長線上。

❷ **背部肌肉調動**　雙手於背後夾球，金剛跪坐基礎上，雙手在後背，雙手手腕手掌區域夾球（避免手指抓球），肩膀遠離雙耳，吸氣，脊柱延展，沉肩向下，呼氣，背部帶動手臂向內夾球，吸氣不動，呼氣重複夾球，重複3~5次呼吸。

注意： 整個過程不要含胸弓背，肩膀始終遠離雙耳。

❸ **體前夾球胸部整體提拉**　金剛跪坐基礎上，雙手體前夾球，注意肩膀遠離雙耳，脊柱伸展，手腕、手掌、手指夾球，吸氣時不動，呼氣時用胸部的力量帶動手臂把小球向內夾緊，把球夾扁，可以重複3~5次呼吸。

注意： 練習過程中保持胸部發力，不要挺肚子，始終保持腹部內收。

加強版

吸氣時不動，呼氣時夾球向上舉。

最終版

嘗試雙手垂直於地面，如果肩膀有壓力的可以在體前保持停留3~5 次呼吸，提拉整個胸部，呼氣時還原。

❹ 調整胸中縫　金剛跪坐，屈肘，大小臂保持90°，肘關節夾球或者球在肘關節和大小臂之間，吸氣，脊柱延展，呼氣，胸骨周圍的肌肉帶動雙臂向中央夾球，靜態保持3組呼吸。

加強版

呼氣，夾球向上到自己可以接受的範圍，停留 3~5 次呼吸之後還原，整個過程不要聳肩。

❺ **調整大小胸** 保持金剛跪坐，肩膀外旋下沉，雙手體前夾球，吸氣準備，呼氣，雙手向中間夾的同時肩膀不動，胸部帶動手臂旋轉，讓一手在下一手在上，整個過程肩膀不要一高一低。

❻ 吸氣還原，呼氣，反方向重複。如果是為了調整大小胸就兩側都做，如果已經出現大小胸就多做胸小的那側，讓胸小側手臂在下。

❼ **調整副乳**　金剛跪坐，胸的外側腋窩和大臂內側夾球，吸氣不動，呼氣，側腰和大臂同時把球夾扁，可重複幾次呼吸。

加強版

❶ 吸氣，一側手臂抬高。

❷ 呼氣，向夾球的一側伸展，一側乳房調動肌肉力量，另一側乳房伸展去達到更好效果，吸氣回正，呼氣還原。

❸ 還原動作，吸氣雙手舉過頭頂，延展脊柱。

❹ 呼氣，放鬆回正。

Yoga

必須考慮的問題

產後的女性無論在身心都存在很大程度的挑戰，如何有效餵哺母乳？怎樣科學化坐好月子？產後減重的有效方法？本章讓你盡釋疑慮。

母乳餵養

母乳餵養是與寶寶的蜜月期，這期間有很多細碎的知識需要媽媽學習掌握。沒有生來就完美的媽媽，需要我們為了做完美辣媽而積極做出努力。

早接觸、早吮吸、多吮吸，孩子的哭聲和吮吸刺激會讓產後媽媽分泌乳汁，但開奶總歸有個體差異，也需要幾天的時間。一般醫院都會在孩子出生後帶孩子去洗澡和游泳，但如果媽媽的奶水還沒有下來，個人建議不要讓孩子去洗澡和游泳。洗澡過多，會破壞新生兒表皮的一些保護，孩子反倒容易皮膚敏感或者過敏。游泳鍛煉肺活量，讓孩子胃口變得很好，運動完胃口大開吃得多，媽媽又沒有奶，不得已只能餵配方奶，一旦加了配方奶，純母乳餵養的概率就會降低。

如何實現純母乳餵養

要想實現純母乳餵養、提高純母乳餵養率，我們應該從以下幾方面着手。

第一，開奶很重要：早接觸、早吮吸、早餵奶。

孩子出生後，最好馬上就能讓他接觸到媽媽的乳頭，建立第一步的吮吸。孩子是有吮吸反射的，要早吮吸、勤吮吸，讓孩子親自吃、媽媽親自餵，而不是用手擠或者用吸奶器吸。

在奶水沒有出來之前，不要着急加配方奶或者給孩子餵其他食物。正常情況下，健康足月出生的孩子，在出生後3天內，即使攝入的母乳還不充分，也不會對其身體

給新手媽媽的TIPS

健康足月生的孩子，不加配方奶；如果是巨大兒、低體重兒或其他高危的孩子，一切遵醫囑，需要加配方奶就加。餵奶時不要用滴管，不要讓他張口直接滴進去，也不要用橡膠奶嘴，避免他形成依賴。可以將奶放在杯子裏，托着杯沿兒遞到孩子嘴邊，讓他自己吸，學會用力吸杯子裏的奶。如果孩子只需要張嘴，奶就能進到肚子裏的話，他就不會吸嘬，孩子不會使勁兒吸嘬，你有奶也下不來。一般有奶產不下來，除了飲食和情緒的原因外，一種情況是媽媽患乳腺炎，還有一種就是乳頭混淆導致的。乳房是很聰明的，它自己會根據供需形成一個循環，越吸嘬越有，而只吸嘬一點點，它就知道不需要這麼多奶，就不會產很多了。

造成損傷。一般只要有過胸脹的感覺，沒有先天的乳腺疾病，媽媽都有能力產奶。

第二，雖然孩子的需求和媽媽的奶產量之間可以形成自己的良性循環，但母乳餵養依然需要很多外在支援。家人的支援是第一位的。

母乳餵養雖然天經地義，但是很多人把它當成理所應當，輕視、忽略媽媽身心疲憊的艱苦付出，讓照看孩子成了媽媽自己的私事，孤獨無援、力不從心使得很多媽媽放棄了純母乳餵養。

在此特別想跟全天下的老公說：要讓寶寶健康，首先得讓你老婆開心！家人的支持，尤其是老公的幫忙和支持，是非常重要的。身邊人在情感上的撫慰和實際行動上的幫助，是哺乳媽媽最渴望的鼓勵和支持。可能一句滿含心疼的「辛苦了」，抱着吃飽的孩子幫忙拍奶嗝或者幫孩子換尿布，就能讓常常乳腺堵成硬石頭般痛、極度缺乏睡眠又不能睡的媽媽得到莫大的安慰。媽媽心情愉悦，奶水自然好，奶水好，寶寶就好。

如果產假休息不夠，家人的幫助和支持又少，母乳餵養的重擔媽媽扛不過來，產後抑鬱、沒奶都是有可能的。發達國家都在強調丈夫對妻子和新生兒的陪護作用，中國的政策也在持續支持、改進中。

第三，母乳餵養不僅僅是一個媽媽、一個家庭的私事，還是關係到一個國家未來的公共大事，每一個人都不應該冷漠旁觀。

我們在社會新聞上常看到某些人對於「公眾場合哺乳」的質疑，卻少有人呼籲社會大環境要對哺乳媽媽給予更多的支援，提供更便利的環境。

現在，機場、高鐵和少數商場裏，母嬰室乾淨衛生、設施齊備、符合標準，但是大多數的公共場合仍然很少有能讓媽媽安心哺乳的地方。這是全社會要去科學、理性解決的問題。

對那些不得不在公眾場合哺乳的媽媽，如果做不到善意地為她們遮擋，那就扭頭不看、忽略她們的尷尬，也是我們對她們最大的尊重和支持，請不要過分苛責她們。

正確的母乳餵養方式

正確的哺乳姿勢是，媽媽保持脊柱立直，孩子枕在其胳膊肘上，鼻尖離乳頭一個手指的距離，避免影響到孩子的呼吸。媽媽的手呈「C」字壓住乳暈，讓乳頭去碰孩子的嘴唇，把乳頭和大部分的乳暈塞進去，讓孩子包住一起吮吸。乳暈是乳汁的倉庫，而不是乳頭，只吸吸啜乳頭是產不了奶的，一定要包裹大部分的乳暈，當然前提是乳暈大小正常，乳暈太大的就不要全塞了。

孩子找不到位置時，媽媽可將胳膊下面墊高，或者腳下墊東西將腿抬高，記住，一定是讓孩子找你，而不是你含胸駝背地找他。含胸駝背地哺乳就會造成胸下垂、腰痛、骶髂關節疼痛。產後很多東西不一定要買，但哺乳枕一定要買，因為很實用。

跟我學 FOLLOW ME

坐立哺乳姿勢：

坐地或坐床哺乳時，盤坐，保持脊柱伸展，媽媽膝蓋上放合適的輔助工具，可用枕頭或哺乳枕代替，讓寶寶跟媽媽腹貼腹，胸貼胸，媽媽全身放鬆，孩子可以看到媽媽的面部。

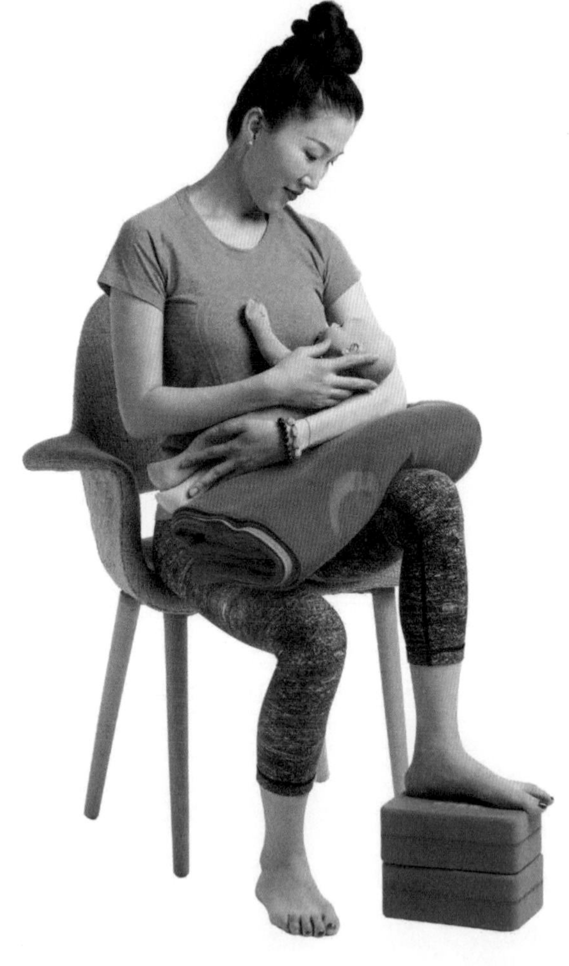

坐椅子上哺乳時，媽媽可在寶寶頭部那一側腳踩小腳凳或磚，寶寶和媽媽大腿之間可放枕頭或哺乳枕支托。

側臥哺乳姿勢：

媽媽的身體可以微微向前傾，臀、背、後腦勺在一條線上，媽媽和寶寶腹貼腹，胸貼胸，寶寶下頜貼乳房，鼻子和乳暈大概一個手指的距離，讓媽媽身體舒服，孩子可以毫不費力地找到媽媽的乳頭。

在媽媽後背的位置放一個抱枕，給腰椎足夠多的支撐，這樣就不會出現腰痛。

仰臥哺乳姿勢：

屈膝仰臥位哺乳時，媽媽可以靠在一個高高的枕頭上，寶寶直接趴在媽媽懷裏，在重力的作用下，寶寶自然放鬆，趴在媽媽的乳頭上，讓媽媽的乳房也沒有壓迫，對腰背不舒服的媽媽有益處。

促進乳汁分泌

水是奶最主要的成分，奶裏80%都是水，建議每次餵奶前，媽媽先喝上一大杯溫熱的水。有些媽媽擔心，天熱的時候，餵奶前要不要先給孩子喝水？沒有必要。奶水的前段就是稀的，以水為主，後段才含有大量的蛋白質、脂肪等營養物質，不需要額外喝水。有些媽媽不會餵孩子，左邊餵一會兒，右邊餵一會兒，相當於一直在給孩子喝水而不給孩子吃飯。而如果每次嫌前段的奶太清，都擠掉，只給孩子喝後段的，那相當於只給孩子吃飯而不給孩子喝湯，也不行。正確的餵法是先餵空一側，再換另一側。如果孩子喝完一側奶就飽了，另一側需要拿吸奶器吸或者擠出來。下一次餵，從上回擠奶的那側開始餵。

奶水的質量、成分跟孩子的需求成正比。母乳的前7天是初乳，只有初乳是稠的，因為這時孩子長得特別快，需要大量的營養。後面幾個月，奶水變正常，但營養絕對是充足的。不管世界上多麼好的奶粉廠家，打的廣告都是「類似母乳」、「接近母乳」，而一定不會說「取代母乳」或者「和母乳一樣」。我是母乳餵養指導師，看配方奶和母乳的營養成分對比表就知道，一張長長的表，一邊是配方奶的成分，一邊是母乳的成分，配方奶的也就一指長，而母乳的則有1米多長。母乳裏面唯一沒有的是維他命 D_3，需要曬太陽補充，一般孩子每天能在外面曬2小時左右的太陽就可以，具體要遵醫囑。

Q 媽媽奶水不夠怎麼辦？

和開奶一樣，讓孩子直接刺激你的身體，增加餵母乳次數，減少餵配方奶的次數。你多餵，孩子多吸，奶水就會增多，就是這麼簡單。比如，以前餵的是配方奶，現在試着先只餵一半，寶寶吃後沒有餓得、哭得那麼難受了，就讓他吸吸啜母乳，讓他使勁兒吸吸啜，刺激你的胸部，你的乳汁自會分泌。

要相信我們的身體，頭腦理解不了的，身體自會有答案。

Q 哺乳期間的飲食要特別注意嗎？

哺乳期間的飲食也不用太過刻意，沒有一定要吃什麼的規定，按平常生活習慣即可。一方水土養一方人，從小吃慣了紅辣椒、黃辣椒、剁椒魚頭、雙椒炒肉的媽媽，吃辣哺乳可能什麼事兒都沒有。只是注意月子裏、哺乳期間儘量不要吃外賣，很多孩子會對調味品過敏，而外賣含調味品多、成分雜亂。孩子不會對母乳過敏，如果孩子喝了母乳發生過敏，那就是媽媽的飲食造成的。這時應該調整飲食結構，而不是斷奶。

怎麼知道你吃了什麼讓孩子過敏？哺乳期媽媽可以邊餵奶邊注意，吃東西從每天加一兩種食物開始，隔天再加一兩種，看孩子反應，哪個會引起過敏就停哪個，孩子也好適應各種食物。5~8 個月後，就可以開始給孩子添加輔食了，入口的第一口輔食必須含豐富的鐵元素，比如米粉。

跟我學
FOLLOW ME

促進乳汁分泌體式：

❶ 金剛跪坐基礎，臀部下方可以墊小球，保持脊柱延展，雙肩放鬆，雙手插在數字彈力帶上，可以雙手分別放在數字1的位置上，呼氣，背部帶動彈力帶向外打開。

❷ 吸氣，背部帶動手臂和彈力帶向上高舉過頭，自然呼吸，在這裏保持，去體會乳房前側的伸展，注意彈力帶要始終充滿彈性，不要聳肩，保持腹部微微內收。

❸ **肩膀纏繞**　雙手放在彈力帶的兩側，打開到最遠端。

❹ 吸氣向上，保持肋骨內收，呼氣，肩膀帶動彈力帶向後繞動。

❺ 隨着呼吸，一直繞到身體的最下方，使乳房向前側伸展。

❻ 吸氣，雙手向上，呼氣，還原，重複數次。

❼ 脊柱前後伸展　配合彈力帶做前後彎，把彈力帶撐開之後，隨呼氣緩慢捲背向前，低頭看向肚臍。

❽ 隨吸氣，手臂提前，向上向後，身體前側伸展，自然呼吸，重複數次。

疏通乳腺體式：

❶ 金剛跪坐，可以在臀部下方放小球，保持脊柱直立，胸腔打開，推手向上，吸氣，恥骨、肚臍、胸口上提，呼氣，肩膀下沉，手臂拉到耳朵後方，停留5~8次呼吸，不要聳肩，去伸展乳房前側、腋窩。

❷ 跪立，側伸展，吸氣，右手高舉過頭。

❸ 呼氣，左手外側移動，身體倒向左側，使右側有更多的拉伸，注意臀部不要抬起，吸氣延展脊背，呼氣伸展，使乳房外側有更多的伸展，緩解副乳現象。

❹ 吸氣回正，呼氣放鬆，手臂還原，

繞動肩膀放鬆。

❺ 吸氣，抬左手臂向上伸展。

❻ 呼氣，右手向右側移動，身體倒向右側，使左側腰伸展，轉頭看向左上方，頸椎不舒服的媽媽看向前方，保持3~5次呼吸，也可以做動態的練習。

❼ 跪立扭轉，左手放右膝外側，注意大臂不要壓迫乳房，右手放臀部後方，吸氣提胸口，呼氣，胸口帶動脊柱扭轉到右後方，停留3~5次呼吸，每次吸氣感覺身體變高，呼氣，胸椎帶動頸椎扭轉，不要聳肩，吸氣回正，呼氣，做反方向練習。

❽ 脊柱前後伸展，吸氣，擴展胸腔，胸部帶動肚臍向斜上方延展，手臂向兩側打開，眼睛看斜上方。

⑨ 呼氣，捲尾骨、胸椎、腰椎，低頭看肚臍，

隨呼吸做動態練習。

⑩ 吸氣，推手向上，保持3~5次呼吸，手臂延展，肩膀下沉。

⑪ 呼氣，落回，手臂會變得熱熱的，放鬆雙肩。

適時斷奶

一個孩子生下來，他要離開母親兩次。

第一次，是斷臍的那一刻，他離開母體，開始感受這個世界。

第二次，是斷奶之後，他真正離開媽媽，獨自面對這個世界。

我們提倡母乳餵養，因為哺乳期也不會太長，媽媽們要珍惜母乳餵養的時光，珍惜我們和孩子日日牽絆有連接的時光。

應該什麼時候「斷奶」呢？

世界衛生組織、中華營養學會和國際母乳協會的建議是：24 個月後自然離乳。自然離乳不是強行「斷奶」，是孩子不想吃了、你也不想餵了，自然就「斷奶」了。以前會有些閒話說「不要喝這麼久，都懂事了還喝，會戀奶……」，可研究發現，長大之後有戀奶癖的，都是小時候沒有喝夠奶的，缺什麼，將來才會找什麼。一個各個方面需求都被滿足的孩子，充滿自信和安全感，反而不會戀奶。

母乳是孩子的糧食，那是他的飯，你不能自行斷掉，而是要提前告知他，與孩子商量。如果你不打招呼，突然不給他了，自己還躲起來玩消失，孩子會特別沒有安全感，也會覺得你可能不愛他了。我們家兩個孩子都是自然離乳。自然離乳要循序漸進，我是提前半年開始，編了個故事與孩子商量，說以後不能再喝奶的原因。我跟老大說：「奶裏面有奶精靈，寶寶你已經長大了，奶精靈要飛去照顧別的小朋友了，咱們可以多多吃飯，就能長大個兒了，不需要再喝奶了。」我們家老大很乾脆，2 歲也能聽得懂，他就說：「嗯，那謝謝奶精靈，奶精靈再見！」然後開始吃飯，再也不吃奶了。老二是女孩，比較愛撒嬌，她開始還是會哭着喊：「奶精靈不要走！我要喝奶！」但是我逐漸減少餵奶次數，增加主食的量，她吃飽了，偶爾哼哼唧唧要喝就讓喝會兒，慢慢也就不想吃奶了。

計劃「斷奶」的媽媽一定要注意，不要躲出去、不要憋奶，而是慢慢減量，讓孩子和你的乳房都慢慢減少對奶水的需要，適應新的情況。有人整個哺乳期對胸部都照顧得很好，結果斷奶之後胸下垂。特別嚴重的胸下垂是很難再處理回去的，筋膜和韌帶都扯斷了，運動也沒辦法讓它重新生長。按摩最多可以讓它恢復一點兒彈性，收回去一點點而已。胸部下垂可以預防，正確斷奶和保養就好。

正確的做法是這樣：從一天餵5次降到3次，2次，1次，0次。奶脹的時候及時吸，一直讓乳房保持彈性，不要把奶硬憋回去。比如，餵孩子需要吸出100毫升，那你就只吸80毫升出來，過了3天之後，你的奶就不會有那麼多了。逐漸減少吸奶的量，每天吸60毫升，再過幾天，再減少，每天吸40毫升……如此遞減，最後不用吸奶也不會有腫脹感了。

和孩子說話時，我們一起咿咿呀呀，回到了純粹的童年時期，孩子離乳，母乳餵養結束，我們看着他離開我們，走向整個世界。

·王昕說·

健康的孩子哪裏來？勇敢的媽媽來守護。勇敢的媽媽，你們的健康，孩子也在守護着。

我們呼籲更多的人普及和宣傳母乳餵養知識，讓所有女性不再畏懼母乳餵養，讓家人多多支持母乳餵養，讓社會為哺乳媽媽創造更多便利，未來，我們的孩子才能更健康、更快樂地成長為祖國的棟樑。

科學坐月子

產後誰最重要？

當然是媽媽最重要！

有學員跟我「吐苦水」，說她花半條命生完孩子，從產房被推出來，所有人都一擁而上圍過去看孩子，對她最多就是看一眼說：「你沒事吧？沒事就好。」然後繼續看孩子。又或者月子裏，常常聽到這樣的話：「你要使勁兒吃、使勁兒喝，孩子需要，這樣才能多產奶。」完全沒有人在意媽媽是不是能吃那麼多、想要吃哪些東西。還有媽媽真的是哭着向我傾訴，月子裏只要孩子哭，家人就認為是媽媽的奶水不好、媽媽的營養不夠、媽媽的錯，她情緒上來了就會排斥餵奶，也排斥跟家裏人溝通……很多媽媽產後抑鬱，很大一部分原因就是家裏人觀念錯誤，把所有關愛、注意力都給了寶寶，而將要求、壓力全部施加給了媽媽。

第一次生孩子，孩子是新生命，媽媽也是新手媽媽啊！新生兒一天大部分時間都在睡覺，除了吃他什麼也不知道啊。他睡得好就長得好，吃得好就睡得好，而媽媽奶水好他就吃得好，媽媽的心情好奶水就好，媽媽好當然是一切好的根源！

月子裏照顧好媽媽，讓媽媽身心愉悦，才是科學的坐月子。

家人的支持是第一步

讓媽媽情緒好、心情好，第一重要的就是枕邊人——老公，他要支持、體貼、理解、尊重自己的老婆。

男人沒有機會經歷孕期，他不知道孕期激素分泌對人體的影響，他沒有經歷過生產過程的痛苦，他很難對一些反應感同身受，他無法真正體會老婆經歷了什麼，也真的不能完全理解老婆的情緒。媽媽自己要注意，不要上來就説自己老公不是一個好老公、好爸爸，很多男人都想做一個好老公、好爸爸，只是他不會、不知道做什麼，你要教他成長，要給他多一點兒的耐心。你要幫助老公學習和體會，即使他不能理解，沒關係，只要他知道一點即可：支持老婆。他要知道自己對老婆的支持是非常重要的。

孕產瑜伽的課堂，我常常希望學員帶着老公一起來，除了教一些夫妻雙人鍛煉的體式外，還會有一些月子裏怎麼照顧太太的教學。我常常跟他們説，產後，老公更要像戀愛最開始的時候、像老婆懷着寶寶的時候一樣，陪伴老婆，給她説話和傾訴的管道，給她按摩腰骶部，讓老婆感受到自己做了很多，她很辛苦、很重要，家人都非常關心她、感恩她。然後在給孩子餵奶、換尿布、拍嗝、洗澡等事情上，老公最好能分擔一部分，老婆就會高興很多。如果老公不知道怎麼做、怎麼說才是理解、支持老婆，有兩句萬能的話，任何時候說這兩句，就很管用：「老婆你說得對！」「老婆聽你的！」尤其月子裏，常說這兩句，產後媽媽會心情大好。

老公支持了，婆婆就支持了一半，自己媽媽的支持也好說，新手媽媽覺得自己被重視了，心情自然就好，家庭也就和睦了。

月子期間合理飲食

老公的支持是科學坐月子的第一步，誰照顧月子、陪伴生活就是重要的第二步。月子裏的生活方式、育兒理念等，是產後最重要的溝通內容。

中國式月子誤區在飲食上尤其明顯，老一輩就覺得應該多吃，大魚大肉、山珍海味，十全大補、越多越好，不能節食。實際上，孩子剛剛出生胃口很小，不建議媽媽喝很多葷湯，弊端太多了。

第一，喝太多葷湯太補了，媽媽就會變胖，月子裏根本消耗不了那麼多營養和能量。吃得多導致體重超標，超標後血液循環就不順暢，不順暢體內就容易堆積脂肪，媽媽的乳腺裏面就會有很多油脂，影響乳汁分泌，引發乳腺炎。奶水裏也會有油脂，孩子的脾胃非常脆弱，餵了可能就會拉稀。所以，媽媽很胖，奶水不一定好，孩子也不一定發育得好。

第二，補得太好、產了很多奶，孩子吃不完，媽媽就容易脹奶，脹奶不及時處理的話容易變成乳腺囊腫，乳腺囊腫就要去醫院治療，萬一需要切開引流，那產後最寶貴的母子相處時間就都沒有了。

想要產後催奶，可以讓孩子早吮吸、多吮吸，沒有必要喝任何的葷湯，素湯才是非常好的促進乳汁分泌的湯。可以多喝蓮藕湯。雞湯就不要喝了，老母雞也不能吃，吃了容易回奶——老母雞有太多的雌激素，雌激素會抑制泌乳素分泌！很多人不懂，坐月子喝了很多母雞湯，還可憐巴巴地問：「為什麼我每天喝一碗雞湯，奶還是不夠？」就因為你喝了母雞湯，奶才不夠的啊！實在想喝雞湯，出了月子後乳腺通暢、乳汁正常，就可以喝。

月子期間要注意，飲食合理清淡，少量多餐，多吃營養豐富易消化的食物，少吃辛辣刺激的食物。產後 7 天，飲食越清淡越好，不該吃的都別吃。比如，不要喝豆漿，容易脹氣。豆腐可以吃。產奶需要碳水化合物，多喝小米粥、海帶湯、蓮藕湯，吃精米，不吃糙米。一日三餐，每次正餐前加一餐。脾胃好的話，產後半個月以上，多吃一些五穀雜糧代替過度的精米精麵。出月子後，多吃蒸的南瓜、山藥等，大量喝水。

喜歡喝酒的媽媽也不建議月子中就喝酒，因為酒精會通過乳汁被孩子吸收。南方人喜歡喝米酒，但月子裏不能喝米酒，它只會讓你長胖，對孩子沒有任何好處。米酒的酒精含量其實很高，煮沸了一樣有酒精，酒精會影響孩子的發育。如果你平時有喝紅酒的習慣，出了月子之後再喝。最好是餵完奶之後，喝一小杯即可，等你下次餵奶之前，也就分解得差不多了。

出月子後，不用太過刻意安排一定要吃什麼、不吃什麼，按日常習慣就好。一方水土養一方人，從小吃辣長大的媽媽吃辣也能很好地進行母乳餵養，要相信我們的身體，注意別讓孩子吃奶過敏就好。產後要吃得好，但吃得好不代表吃得貴、吃得多，合理飲食，營養豐富即可。

按需哺乳　愉悅休息

月子裏的寶寶，按需哺乳，不要有太多規矩限制，孩子需要，媽媽就餵他。那麼小的孩子，只會用哭來表達感受和需求，他哭，原因除了拉了、尿了、熱了、冷了、疼了、病了，其他都是餓了，想吃奶了。孩子一哭，你就讓他吸吮乳汁，孩子不斷地吮吸，你的泌乳素不斷地增高，奶水也會越來越好。月子裏的作息，按照孩子的作息來調整。他醒着的時候，你就陪伴他，跟他交流互動，餵奶。他睡了之後，你也睡會兒，補充體力。

月子裏以休息為主，但休息不等於一直臥床。很多人月子裏的休息就是窩在床上、沙發上玩手機。以前沒手機或者不讓玩，而現在都在拍照、修圖、曬寶寶——這不叫休息。癱在床上、窩在沙發上，你總是有一個受力點在過度受力。過度受力的位置就容易產生局部的經絡不暢通，血液循環不暢通，或者關節的疼痛、壓迫、錯位等。比如，癱坐就容易發生骶尾骨疼痛、腰痛。老側臥支着，你的肋骨、肩膀、骨盆不穩定，這些地方就會有問題。

月子裏以休息為主，是指讓你睡覺休息，如果不想睡，可以適度地走動，也應該去做些簡單的運動。我月子裏去醫院講過課，也常常跟閨密去看電影。只要天氣好，不颳風，適度的娛樂活動讓媽媽身心愉悅，這也是休息。月子裏運動可以從活動手指、腳趾開始，也可以活動肩頸，做腹式呼吸等月子裏就可以練的 3 種呼吸。如果住月子中心，現在幾乎所有月子中心都有瑜伽課，可以去練練瑜伽。運動讓你經絡暢通，利於乳汁分泌，還會產生內啡肽，讓你心情愉悅。

注意衛生

最後，月子裏一定要注意衛生。注意衛生有「三勤」。

勤洗澡

以前，月子裏不讓洗澡、刷牙，因為那時候條件不好，容易受風着涼，現在空調、暖氣、熱水器、電吹風應有盡有，只要在 24 小時恒溫的月子中心或溫暖的家，刷牙、洗臉、洗澡、洗頭都可以！媽媽生產出了很多汗，第一天身體虛弱，怕虛脫，所以不要自己洗澡，但是家人可以拿溫熱的毛巾給擦擦身子。順產的，第二天只要你的精力、體力恢復了，就可以淋浴，但注意洗澡時間不要過長、水溫不要過熱。洗完頭髮及時吹乾。大小便之後，用溫水沖洗外陰，擦乾，保持乾淨衛生。剖宮產橫切的，表層傷口癒合 7~10 天之後，就可以淋浴了。如果是 3 天之後醫生就給貼了大大的防水創可貼的，那也可以淋浴——一般很少貼，貼它不利於傷口癒合。產後 10 天之內，一動就出一身汗的媽媽，用常規溫熱的水擦浴即可。月子裏乾乾淨淨的媽媽，寶寶喜歡，媽媽自己情緒也好。

勤刷牙

沒有必要買所謂月子專用牙刷，普通的軟毛牙刷就可以。月子裏最好早、中、晚三餐之後都用溫水刷牙。正餐之後要刷牙，加餐之後要漱口——月子裏吃的食物軟、糯、黏，所以更應該注意保持口腔清潔。

勤通風

室內溫度可控制在24°C~26°C，最好每天早晚通風兩次，每次半個小時，讓新鮮空氣進來——空氣質量好。產後媽媽不要讓風直吹，容易着涼，通風的時候不要待在風口，可以換着房間通風透氣。不要為了不吹風，讓屋子臭烘烘。

給新手媽媽的TIPS

一般坐月子是30天或42天，也有坐大月子坐夠100天的。產後42天，是醫療上子宮恢復的一個週期，記得一定要去做產後恢復的檢查。月子裏儘量減少探視。我們很多地方的人熱情好客，有人來探視，你就得陪着聊天。來探視可能會抱孩子，但媽媽要休息，孩子也要休息，再者人多了細菌也多，探視最好出了月子再來。

·王昕説·

科學坐月子，觀念正確是第一位，生活習慣正確是第二位，第三就是適當放鬆和運動。

媽媽是一切的本源，媽媽身心愉悦排第一。媽媽好，孩子好；孩子好，全家都好。

重塑夫妻愛的吸引力

愛縱有千般模樣、萬種形態，最好的一種莫過於，一蔬一飯是他陪着你，懷孕生產是他陪着你，往後餘生，豐乳肥臀是他陪着你，纖纖細腰也是他陪着你！

和諧的夫妻關係表現之一就是陪伴，陪伴是最長情的告白。

和諧產後家庭關係

懷孕是夫妻兩個人的事兒，生產和產後也是兩個人的事兒。我們所有的瑜伽課都建議夫妻一起參加。在瑜伽的修行概念裏，懷孕是一個吉兆，是一個充滿快樂和活力的過程。孕產瑜伽的練習帶給準媽媽健康的身體和平靜的心靈，準爸爸在十月懷胎中的作用也是不可忽視的。孕產瑜伽會教准爸爸如何陪伴、傾聽老婆，帶上大肚子體驗老婆孕期生活的不易，學習幫老婆緩解痛苦的按摩手法，學會怎麼跟孩子連接、做胎教，教他表達「老婆你辛苦了，謝謝你，我愛你」等。夫妻共同學習孕產知識、練習雙人瑜伽，丈夫全程陪伴，既能減輕妻子的心理壓力，又有助於妻子順利分娩。

孕期，老公的陪伴很重要，產後也一樣，老公的參與很重要。

妊娠和生育，對每一個家庭、每一位媽媽爸爸來說，都是至關重要的。這一年，整個家庭經歷了重要的階段性變化，媽媽經歷了身體混合着壓力、情緒、激素水準的變化，爸爸媽媽一起經歷了身份、責任的重大變化。如何科學、安全、健康、愉悦地度過人生這個美好又轉變巨大的階段，專業的知識和幫助是必須又必要的。這是一本新婚夫婦必備的家庭健康工具書，原因即在此。

和諧、規律的性生活不僅利於夫妻感情穩定、婚姻家庭幸福，還有助於女性調節內分泌、保護乳房，使人保持快樂的心情，使巨噬細胞活力增強，從而增強機體的免疫功能。孕產期終於結束，然而產後42天內，禁止同房，因為子宮還沒有完全恢復，有可能會傷害到它。42天之後，一定要先去醫院做產褥期的檢查，可以問一下大夫，夫妻是否可以同房。順產的一般都在這一階段恢復了，遵醫囑即可。剖宮產的話，產後2個月即可，具體也遵醫囑。產褥期之後，惡露排淨之前，同房都要做好避孕措施。產後一年內，同房的時候注意深淺和強度，不要有太猛烈的運動，因為有可能再度撕裂或者傷害到剛剛恢復的部位。但是也要注意，不要過了一年半載才同房，這樣容易引起其他的問題。暫時不能同房的，可以用別的方法彌補二人世界的情感。

科學、正面地看待身體和產後問題，解決生產之後帶給身體和夫妻二人的共同問題，這是我們產後修復的目的之一。有的剖宮產的媽媽產後基本沒有性生活，她盆底肌沒有修復好，性交痛，就會排斥性生活，這不僅影響自己身體健康、夫妻歡愉，更影響婚姻生活的健康，百害而無一利。談它不是罪過，不解決它才是罪過。

關愛夫妻生活健康，從老公開始。老公要多多甜言蜜語，多拉着老婆的手說「你辛苦了，我非常愛你」。即使老婆身材有可能因生產變得鬆弛、不如以前，老公也要說「你是最美的，我會陪伴你一起度過產後的、以後的所有時期」。溫柔的情話是愛情的糧食，也是產後媽媽的恢復動力。

很多人不太會當老公，在老婆懷孕、生產過程中從頭到尾缺失。為了家庭奔波，顧及不到也就算了，如果精神上也覺得生養孩子和自己沒關係就不對了。尤其不可取的是那種總批評老婆的老公，不能順產怪老婆體質不行，孩子瘦小怪老婆奶水不好，孩子哭怪老婆不會哄孩子，自己卻不知道老婆心情好了奶水才能好。孕產期間被批評，即使是玩笑話，媽媽也會自卑，也會抑鬱，奶水自然不好。即使不會甜言蜜語讓老婆心情愉悅，也不要老批評她給她添麻煩啊！

願每一個孕產媽媽都有老公的陪伴、愛護，而不是「喪偶式」的懷孕、產後和育兒。孕產階段不缺席，才是「老公力」真正展現的時候。

愛的產後雙人瑜伽

家庭關係和諧是產後修復最重要的因素，運動則是錦上添花的事兒。

產後雙人瑜伽，就是一種時髦的相愛方式。

寶寶出生後，爸爸媽媽很容易突然變得老夫老妻的，日常瑣碎生活、孩子飲食起居佔據了家長很多精力和注意力，重心跑偏。夫妻感情很快淪為各自低頭刷手機，沉迷在和自己沒有太多關係的虛擬世界裏。重拾夫妻間正確的注意力，升溫二人昔日的甜蜜，從非常適合睡前一起做的夫妻運動——產後雙人瑜伽——開始！

夫妻雙人瑜伽溫和親密，有很多如擁抱、牽手等輕柔緩慢、需要默契的體式，它調動潛藏在你們體內的情緒和力量，用肢體和眼神的互動配合大膽的安靜沉默，專心與愛侶融合，讓愛情重新滋長。

老婆的幸福需要老公呵護，老公即將承擔為人父的責任，也很辛苦。一些體式的鍛煉，讓他們的身體得到釋放，壓力也得以緩解。其實沒有一個男人不想當一個好父親、一個好丈夫，只是他也是新手，不知道該怎麼做。所以不要讓你的老公置身事外，讓他學習參與，也讓他鍛煉放鬆，夫妻一起去感受、去面對，去經歷那些好的與不好的，才能一起成長為優秀的爸爸和媽媽。

至少，你老公可以幫你抹預防妊娠紋的油、做最簡單的按摩吧！

像我老公那麼懶——醬油瓶子倒了都不扶的那種傳統男人，我逮着機會就教育他，讓他給我抹預防妊娠紋的油。我孕中期的時候，肚子越來越大，自己抹起來越來越難，需要很長時間，就讓他幫忙抹。他開始的時候不好意思，就快速抹完，省時間糊弄事兒。我從網上找了一些妊娠紋嚴重的照片給他看，他嚇得手機都扔了：「你幹嗎嚇唬我？這是什麼東西？！」我說：「你不好好抹，我也會變成這樣。」「不可能！」他嘴硬，但還是讓我趕快躺下。從那以後，他就特別認真地給我抹油了。簡單的按摩，比如處理傷口、瘢痕的「擀皮兒」，都可以讓老公幫你做，既省了去美容院按摩的錢，還增進夫妻感情。恢復得好了，老公也受益。

要讓好爸爸不成為時代的稀缺品，就從老公參與你的孕產恢復開始！

跟我做
FOLLOW ME

產後雙人瑜伽：

❶ 膝蓋輕輕相對，掌心相疊，輕輕閉上眼睛，調整呼吸。

教學示範：金堅

❷ 靜坐過程中如果感覺臀肌緊張，可以讓身體向前傾斜，兩人眉心相對，太太可以把手輕輕搭在先生的頸部後側，先生去環抱太太的腰或是骨盆的兩側，通過眉心的相觸，讓雙方的心更加貼近，雙肩下沉，讓整個後背、臀部、胸部前側去伸展。

注意： 臀部不要離開地面。

❸ 兩人掌心相對，
保持互推有力。

❹ 吸氣，互推高舉過頭，
不要聳肩，保持向上伸展。

❺ 隨着呼氣，一手握拳輕觸地，身體倒向握手的一側。

❻ 轉頭看向上方的手，向側頸、側腰及臀部外側伸展，緩解壓力，疏通乳腺，保持3~5次呼吸。

❼ 吸氣回正。

❽ 呼氣，做反方向練習，腋窩打開，眼睛看向斜上方。

注意： 保持脊柱伸展，不要聳肩駝背。

好處： 伸展側腰、背部，疏通乳腺，減少側腰脂肪囤積。

❾ **扭轉練習**　雙人右手推直，左肘彎曲，同時隨呼氣扭轉，胸椎和頸椎轉向屈肘一側，吸氣，把脊柱拉長，呼氣，扭轉。

❿ 吸氣回正。

⑪ 呼氣，做反方向練習，彼此掌根互推，可以隨着呼吸多做幾個回合。

好處： 緩解整個後背的壓力，緩解背痛。

⑫ **前後脊柱流動** 回到坐立位，雙手胸前互推。

⑬ 吸氣，雙手向上高舉過頭，身體的前側伸展，可以給彼此一個親吻。

⑭ 呼氣，雙手十指相扣，手臂拉直，從骨盆開始，脊柱逐漸前彎，低頭捲背，後背拉長，眼睛看向自己肚臍的位置，自然呼吸重複3~5個回合，吸氣向上，呼氣向後。

注意： 始終坐實地面，不要聳肩。

好處： 增加夫妻感情，緩解背痛，靈活脊柱。

貓式/牛式

❶ 手膝支撐跪立在地面上，雙膝打開與骨盆同寬，大腿垂直於地面，膝蓋在骨盆的正下方，雙手大大張開平鋪於地板上，雙腳回勾，手腕在肩膀的正下方，背部放平。

❷ 吸氣，脊柱從骨盆開始逐節後彎，翹臀，腹部向下放，微屈肘，提胸口，抬頭向上看，身體前側拉長。

❸ 呼氣，恥骨上提，捲尾骨、腰椎、胸椎，低頭看肚臍，把背部拱起來，釋放後背壓力，隨呼吸動態練習。

貓擺尾

❶ 回到手膝支撐四腳板凳式。

❷ 保持脊柱始終平行地面，隨呼氣水平扭轉脊柱向外側，讓內側的側腰肋骨盡可能伸展貼在一起，外側的肩膀和臀部往中間收緊，轉頭看臀部，吸氣回正。

❸ 呼氣，向內側搖擺，彼此對視。

注意： 不要塌腰。
好處： 緩解側肋和骨盆的疼痛。

❹ 吸氣回正。

側貓伸展

❶ 外側的腿向外側打開，內側依然保持垂直，內側膝蓋正對外側腳的足弓。

❷ 吸氣，後背靠在一起，胸口帶動外側手臂向上打開，兩人手心相握，向上延展手臂，疏通乳腺。

❸ 呼氣，胸部帶動手臂經過胸前，讓彼此手肘相握，緩解肩胛骨和上背部壓力，隨呼吸動態練習。

❹ 太太不動，先生膝蓋向後挪動一個拳頭位置，太太把內側的腿放到先生的膝蓋前方，先生把腳放到太太的膝蓋內側，先生比較高就把腳放到太太的小腿外側。

❺吸氣，內側手臂向上合掌互推。

❻把手臂向兩側打開，自然呼吸，不憋氣。

❼ 呼氣，手臂經過腋窩，向外伸展讓彼此肩膀相對，伸展肩胛骨，疏通乳腺的反射區。

❽ 吸氣打開，呼氣回到四腳板凳式。

寬嬰兒式

❶ 回到手膝位四腳板凳式，雙膝兩側打開，雙腳腳背觸地，大腳趾觸碰在一起，臀部向後坐在腳後跟上，胸口上提。

❷ 屈肘，握拳重疊在一起。

❸ 眉心放在拳頭上，肩膀遠離雙耳，後背放平，吸氣，找到脊背延展，完全放鬆。

注意： 背部不舒服的媽媽可以在一天任意時間練習。

好處： 尤其對於背部不舒服的媽媽是很好的緩解。

•王 昕 說•

夫妻感情就像過山車，有高峰就有低谷，有熱戀時的如膠似漆，就有倦怠時的左手摸右手。隨着孩子的介入，夫妻要處理的事情越來越多。但是，不要忘記給自己留些時間和空間，夫妻一起做些雙人運動，讓身體和身體交流，讓心靈和心靈溝通，重塑愛的吸引力。

愛情是我們一生中的瑰寶，用心陪伴，加倍珍惜，它才能一直熠熠閃光！

產後減重誤區

身材百無禁忌，健康只有一個標準。

健康的標準是什麼？

身體質量指數（BMI值）說了算。

產後，媽媽的體重因為分娩後胎兒、胎盤、羊水等的消失，以及出汗、排尿、排惡露等，會減少 3.5 kg~5 kg，但是不可能馬上恢復到未孕時的體重。產後體重的恢復程度和孕前體重、孕期體重直接相關，一般來說，孕前體重正常、孕期體重增長正常、生活習慣正確的，產後 6~8 個月，體重自然而然就恢復到之前的狀態了。但是孕前偏胖的，孕期體重超標的，則需要多花 1~2 年的時間來恢復。

孕前身體質量指數（BMI=kg／m^2）在 18.5~24 這個範圍內為正常，是合適的、健康的體重。孕前體重不同，孕期體重的增長標準也略有不同：

不同BMI值孕期體重增長標準	
孕前	孕期體重增長標準
正常	11 kg~13kg
低於正常	13 kg~15kg
超重	7 kg~11kg
肥胖	5 kg~7kg
瑜伽老師	10kg

孕產階段，不同時期體重增長的要求也不同：

不同孕階段體重增長標準	
階段	體重增長標準
孕早期	0.5 kg~2kg
孕中期	5kg
孕晚期	5kg

備孕最佳的 BMI 值為 18~24，小於 11 或大於 32，都會降低 40 ~ 45% 的備孕成功概率，過高還會引起一系列生殖問題。但到了哺乳期，BMI 值為 25、26 都屬正常，媽媽們不用太苛刻要求自己，它沒有嚴格刻度，允許存在一些個體的差異性。

一般孕前體重正常，孕期體重控制在正常範圍，月子裏掉幾千克，然後慢慢恢復原來狀態，這是非常正常的。但也有這樣的情況：孕前體重相對胖，懷孕期間合理運動、控制飲食和體重增長，產後反而瘦到正常範圍的。相對地，也有孕前體重正常，懷孕只長了 10 kg，很棒，結果月子裏又長了 10 kg，這就很麻煩了。孕前體重正常的媽媽，如果懷孕期間沒有這些知識儲備，她是有可能出現這類問題的。學習和執行很重要。

我一直強調，胖不是罪，瘦不是罪，但是讓你自己不舒服的、受罪的體形就是有罪。有些當了媽媽的人，體形會讓人想起秤砣，有人描寫她們「把兩手垂在身體兩側，看上去像一對飽滿的括號」。傷不傷心？很多人一胖，滿身橫肉，就發自內心地厭惡自己，不敢去逛街買衣服——找不到顯瘦的衣服，還得接受導購虛假的恭維。最尷尬的是，試衣服試到一半卡住，恨不得鑽地縫。所以很多媽媽從此不敢逛街，逛街也不敢試衣服，只能看，不是不想試、不想穿，只是怕面對穿不進去、穿進去又卡住時的絕望。

不美觀，是一方面。很多人產後水腫、長妊娠紋、腳踝不舒服、腰背不舒服、肚子前面一堆肉……肥胖更會帶來很多健康問題。

有些媽媽產後有點兒胖，是水腫，因為懷孕期間身體增加了大約7升的水分。月子裏產褥期的褥汗、運動，都會讓多餘的水分排出。多補充水分，多運動，產後浮腫就會消失。產後腳踝不舒服的，是因為體重大，身體的重量、壓力都作用在腳踝，肯定會導致腳踝疼。面對此種情況，依然要多做運動，控制體重，注意補鈣，不光做按摩，更應該增加足弓的力量。孕期新陳代謝緩慢，過重的媽媽代謝更慢，血壓、血糖問題接踵而至。孕期腹直肌分離利於生產，體重過重的媽媽腹直肌容易過度分離，肚子面前就會掛一堆肉很難減掉……

極端情況是，很多媽媽孕期控制體重很辛苦，懷孕沒有長妊娠紋，生產完之後覺得解放啦，月子裏天天躺在床上吃吃喝喝，出了月子，更可以放縱自己了——之前不讓吃的現在都可以吃啦！蛋糕、雪條、炸雞、薄餅、可樂、烤肉、火鍋，一餐接着一餐的報復性飲食……千萬別啊！那些可都是糖分、是脂肪、是肥胖、是難看啊……更可怕的是，那些還是腰痛、是腿痛、是糖尿病、是大肚腩、是內分泌失調！

文藝青年的體重裏90%都是心事，而過肥者的體重裏90%都是無處發洩的欲望、怨念和自我放逐！有些產後媽媽的肚子就像吹氣球一樣，「噗」一下子給吹了起來，皮膚彈性被破壞，生成了紋，不叫妊娠紋，叫生長紋。那些太快變胖的

人、太快從肥胖變消瘦的人，不科學地飲食或減肥的人，都會有「紋」——女人的天敵。

科學修復，真的很重要！產後減重有 3 大誤區，大家一定要避免。

誤區一：迅速減重

欲速則不達，花了多長時間增重的，最好花多長時間減重。媽媽整個孕期 10 個月長了 10 kg 或者 20 kg，產後體重很快恢復了，不一定是好事。快速消瘦要麼是新陳代謝出了問題，要麼是腸胃出了問題，要麼是其他更嚴重的問題。我們用 10 個月長的肉，至少要給身體 10 個月的時間，讓它來慢慢恢復。

快速發胖和快速變瘦都是長妊娠紋的罪魁禍首。人體皮膚的彈性纖維快速被撐大、撕裂，產生妊娠紋、生長紋，肥胖或豐滿的皮膚突然快速瘦回被抽乾，色素沉着、鬆弛、萎縮紋也會緊緊跟上。

皮膚太乾、彈性太差，快速地膨脹、快速地收縮，就容易出現各種紋路。那麼應該怎麼辦？

第一，不管是增重還是減重，都要循序漸進，才能控制、預防妊娠紋等各種紋。我有學員說她整個孕期就長了 10 kg，可是產後還是有妊娠紋。一問得知，她第一個月就長了 5 kg，後面幾個月是控制住了，但那一個月也破壞了皮膚彈性啊。

第二，控制體重。孕期長 20 kg 的人和長 10 kg 的人，一定是長 20 kg 的容易有妊娠紋。我教授的學孕期瑜伽、控制體重的孕婦，幾乎沒有人長妊娠紋。

第三，多做運動。所有的運動，都可以促進新陳代謝，增加皮膚的彈性。孕產瑜伽針對我們最容易長妊娠紋的地方，比如恥骨到肚臍這一圈，有更多體式。如果是體重增加特別多的媽媽，大腿、臀部、後背，甚至乳房、肩膀、脖子、膝蓋，都容易長妊娠紋。那就要在產褥期後做更多的伸展，前側伸展可以增加前側恥骨到肚臍的彈性和張力，側伸展針對側面，前屈針對臀部、後背。類似體式都可以預防這些部位妊娠紋的生長。

第四，多抹油，多按摩。抹油方法很重要。洗完澡之後，先抹油再抹霜。抹完之後，逆着皮膚的紋理搓。比如説肚子，從下向上、從外圍往裏，畫小圈抹；後背和臀部，可以前屈或者側臥，讓老公抹，增加夫妻感情。

誤區二：劇烈運動減重

整本書，我們都在説產後第一重要的是先恢復身體機能，子宮、內核心、盆底肌、腹直肌等，所有這些都是細微運動。不要着急減肚子，不要着急減重，減重一定要在身體機能恢復健康的基礎之上再開始。

大肚子不是靠劇烈的、大幅度的動作來減的，內核心的練習、呼吸的練習就可以達到目的。身體機能恢復後也不要做太劇烈的運動，大動不如小動效果好，太劇烈的運動不如細微的呼吸效果好。

用了 10 個月長的肉，最好用 10 個月減掉。控制得了自己的體重，才能控制得了人生。

誤區三：節食減重

產後減重切忌節食，節食不如改變食物種類。

無論孕期還是產後，平衡膳食、制訂合理的飲食結構是日常飲食的關鍵，既要保證寶寶和媽媽的營養供給，又要避免營養過剩。蛋白質、碳水化合物及脂肪類食物搭配好，科學坐月子，月子裏飲食恢復調整好了，體重恢復也就快了，不要把體重的恢復看成第一指標，內在恢復才是第一指標。

任何時候，節食減肥都是一種不可取的減肥方式，這種減肥方式以自身健康為代價，不僅不利於產後恢復，還有可能導致營養缺失，給自己和寶寶的健康帶來問題。母乳餵養可以幫助你恢復，哺乳期給自己和孩子的營養也要均衡、合理、充足，產後節食不如增加食物種類，多吃易消化和促進代謝的食物。

產後媽媽想減重，多用心思搭配食物，不能偷懶走捷徑。偷懶是萬惡之源，不僅可能毀了你的身材，還有可能毀了你的生活。

·王 昕 説·

美貌、身材，從來不是生活的必需品，但健康是生活的必需品。而愛，是奢侈品——愛，就是要給自己和家人多花心思。

產後情緒管理和冥想

有些話，出口就是刺刀，捅向媽媽的心：

「哪個女人沒生過孩子？」

「餵奶你都不會嗎？」

「就是因為你太瘦了，奶水才不夠孩子吃！」

「老婆，孩子醒了/ 哭了/ 餓了/ 尿尿了/ 大便了，你快去看看呀！」

「你生的孩子，你不能不管……」

「都當媽的人了，你怎麼還這麼幼稚？」……

這些話都是大忌，即使是開玩笑，也不要亂說。所有媽媽都會有情緒上的波動，這是客觀存在的正常現象。產後 24 小時內，媽媽體內激素水準急劇變化，隨着孕激素的退去，心理上對生理、形體恢復和新身份適應的壓力，如果家人們又過多地關注孩子、忽略媽媽日常生活的艱難，新手媽媽就會越來越敏感，變得容易委屈、不安、焦躁、抑鬱等，情緒起伏不定。產後心緒不寧和產後抑鬱是產褥期常見的綜合症，發病率在 15%~30%。典型的產後抑鬱於產後 6 周內發生，可在

3~6個月自行恢復，嚴重的也可能持續一兩年。不當的言辭、你以為的玩笑話，都有可能在這個敏感時期，不知不覺對新手媽媽造成嚴重的傷害或不堪設想的後果。

孕期也好，產後也罷，除了照顧好媽媽的吃、喝、睡、運動之外，理解和照顧她們的感受、情緒也是非常重要的。

相信自己的能量

情緒來自身邊人，我們當然需要身邊人的支援、理解和幫助。

老公能不能站在媽媽這一邊，認可媽媽孕期的辛苦？父母公婆能不能站在媽媽這一邊，分擔媽媽養育的操勞？讓媽媽感覺到自己被重視、被呵護，即使沒有實際幫助到她，也比冷漠旁觀、指使指責、重重抱怨好得多。

產後媽媽還處於持續的自我懷疑、焦慮失落中，需要安慰、鼓勵和幫助，偶爾放縱、撒嬌、偷懶，都是尋求幫助和宣洩負面情緒而已。家人們，平時多和她聊天、談心，傾聽她的抱怨，重視她的感受，體諒她的焦慮，不要讓她產生自己只是傳宗接代的工具這種負面、消極的想法。如果不會說話、不會聊天，那就幫忙多做事，少說話。產後媽媽身心疲憊，照顧寶寶日夜難以安眠，心理上情緒起伏、壓力責任巨大，家人們要保證其心情舒暢、情緒穩定，這是非常重要的。

同時，產後媽媽也不要弱化自己。

每個媽媽都要經歷孕激素來去

的情緒衝擊，也都要適應社會身份、家庭重心變化的心理壓力，有些人很順利地度過了，有些人的情緒波動帶來了心理問題甚至疾病。這中間，媽媽自己的力量不可忽視。有情緒不可怕，哭也不可怕，要能正確地看待它們、疏導自己、積極面對。

朱麗葉·比諾什（Juliette Binoche）說：「為了不讓無益的情緒控制你、毀了你的生活，你必須要有一個強大的志向。女人容易糾纏在什麼樣的情緒裏？嫉妒、抱怨，自憐，沒有活力。所以專注地去做一件事情，長久地堅持，不斷地突破，是女性獲得快樂的秘密。」要男女平等，首先不要誇大女性的弱點。不管是媽媽，還是爸爸，生而為人，都不容易。日常瑣碎忙碌，卻不一定每每都有收穫；明明都很辛苦、很努力，夜深人靜時想起現狀，卻不知道自己在忙些什麼、得到了什麼。男女都可能充滿壓力，人人都可能對自己不滿。

女性能量向來是可以與男性能量比肩，並且更具多元性和包容性的力量。在一個家庭中，女性的態度決定了家庭氛圍。懷孕、生子更是打開了我們女性感受細微情緒、力量的大門，我們的很多情緒、委屈是真的客觀存在，可是身邊人也是真的理解、體會不了。因為這個而着急、憤怒、失去耐心、日夜爭吵或者自己抑鬱，都不是正確、聰明的做法，不要試圖去要求、改變、控制老公、孩子和其他人……人唯一能控制的，就是自己和自己與這個世界相處的方式。試圖改變別人，不如矯正自己，我一般更願意矯正自己。我控制自己，不要被情緒操控。可以去運動，讓汗水和呼吸給你創造更廣闊的時空。我會去練瑜伽、冥想，覺察自己，認識到這種情緒是正常的，適應這種情緒的存在。等生活中再次遇到這種情緒，就有能力覺察到自己在這種情緒當中，接受自己在這種情緒當中，從而適應這種情緒，適應自己角色的轉換。

看到自己的情緒

情緒，我們有沒有辦法控制它？

沒有。我們不控制它，我們要看到它。

瑜伽有一個很重要的鍛煉方式——調息，就是去覺察自己，通過冥想、靜坐，通過呼吸，覺察你現在的狀態，覺察你的情緒。通過覺察自我，讓思想回到身體本身，讓心靈來安撫情緒，還原一個人澄淨明亮的內心，把壓力和情緒釋放掉。調息能夠消除精神中的消極因素，擴大積極因素和其效果，幫助機體恢復內在平衡。這並不是說通過瑜伽，就能讓自己變得多麼美好，而是通過瑜伽觀察自我，從而發現自己本來的美好。

女性的瀟灑，就是內心接納自己和外物，七情六欲和人間煙火都坦然、自信接受。即使生活不容易，也燦爛地面對。

瑜伽是「對心意、理智和私我之波動的控制」。正如渾濁的河水無法清楚地映照月亮，不安的心也不能適切地映照出靈魂。為了實現自我，必須消除心意波動，獲得內心的鎮定明淨。冥想是一項技法和途徑，把心、意、靈完全專注在原始之初，通過冥想來感受並和原始動因直接溝通，接納自己，建立內心秩序，撫慰心靈，滋養身體，滋養精神。告別了負面情緒，才能重新掌控生活。

冥想是自己為自己營造安全、自由、舒適的空間與祥和的氛圍，你的呼吸要保持平靜、柔和、有節奏、自然、美好，這樣你的身體和精神就是平靜的、柔和的、有節奏的、自然的、美好的。

冥想時，我們可以這樣想：看看當下，我們有可以伸展的瑜伽墊，有能教給我們最安全練習方法的老師，我們的呼吸是順暢的，我們的身體是健全的，我們已經優於這個世界上很多人，所以當下，我們就是最幸福的。忘掉你對完美的追求，萬物皆有裂痕，光才得以透進來。保持嘴角上揚，帶着愛意，帶着這種呼吸，帶着這種身體，從瑜伽墊上一直到日常生活中，無時無刻不帶着這種覺察，感恩地生活。冥想可以讓你看到生活本真，體驗到生活本真，從而在日常焦躁中快速平靜下來。真誠練習、覺察自我，享受瑜伽帶來的身、心、靈的寧靜和愉悦。看到自己的種種情緒，先接受，再去感恩，提升身心敏感度，探索純粹的自己，捕捉微妙的幸福感，自己就是自己最好的導師和醫生。

人心、情緒是很容易變化的，隨着現狀和心理感知兩個方面隨時波動。懷孕和分娩是人生的重要階段，有了這段經歷，並且從中汲取養分，媽媽們才會開始心智成熟，熟女魅力爆發，也才更有底氣去開拓新領域、實踐內心真正的想法。

生完孩子後，我給自己最多的疼愛，就是一個人「動一動」「靜一靜」「想一想」——練瑜伽、靜坐、冥想，這是最簡單也是最根本的愉悦自我和變美的方式。疏導調控自我情緒，喚醒自我健康的節奏和能力，探索一個個不一樣的自己。瑜伽是時間的藝術，能以此身此刻，遨遊自我的無窮秘境，探尋內心世界和人類思想，發現自我，達成自我，這也是人生修行的終極意義。

·王昕說·

女性魅力不僅要武裝外在，還要武裝內在。女性不是弱者，產後媽媽也不是無聊婦女，在人間煙火中覺察自我，在呼吸冥想中澄明內心，探索永遠有趣的自我，你將越來越是你想成為的樣子。

你必須燭照自己的靈魂，
洞見它的深刻和它的淺薄，
它的虛榮和它的寬厚，
表明你的美貌或醜陋對你
意味着什麼。

——弗吉尼亞·伍爾芙
（Virginia Woolf）

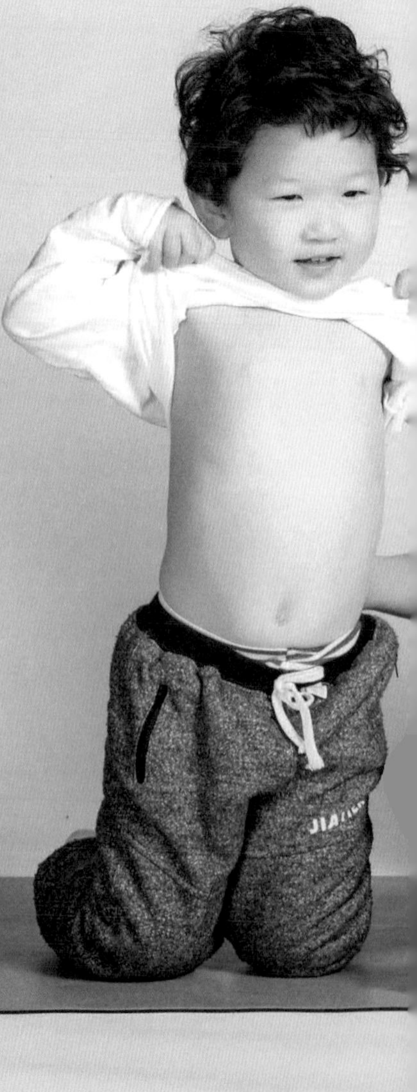

感恩自己

什麼樣的你，是你想要的你

我心目中的現代女性是這樣的：她們不一定接受過最好的教育，卻有着持續學習的能力；她們不一定去過世界各地，卻有着廣闊的視野和遠見；她們不需要外在虛張聲勢，因為她們有豐富的內在支撐自我——她們懂得先感恩自己，再慈悲世間。

曾經有一個來跟我學習的瑜伽老師，濃眉大眼、身材高挑，標準的大美女，孕 26 周了，依然輕盈靈活。她自己一個人從很遠的地方來，能很好地照顧自己，很獨立、上進。我們上課時，她練習得很認真、勤奮，能快速地掌握教學內容，下課和周圍人也能很快打成一片，待人熱情、周到。可是，她說自己骨子裏是個非常自卑的人。她生來皮膚有一點兒黑，所以從不覺得自己是個美女。如果別人誇她好看，她都覺得是客氣話。從小到大，她的家裏人，也都是「黑她」的教育和相處的模式，她的爸爸、媽媽、哥哥、老公沒有一個人誇過她，不管是說她漂亮、上進還是別的優點，都沒有。她也總是看着自己的「黑」，相信家裏人說的「你就是笨笨的，也醜」。

做了瑜伽老師後，她的同事轉述學生們私下誇她的話——美、厲害，她的第一反應是不敢相信。「那說的是我嗎？確定嗎？」很確定且越來越多誇獎的聲音出現後，她才慢慢自信了一點兒，說服自己：「我在做瑜伽時是美的，可能在生活中也是美的。」

是瑜伽讓她變美的嗎？不是。

是瑜伽讓她覺察到了自己，看到了自己的美。

我們常常會發現，有些很美的人覺得自己不美，一直整來整去，希望更美；有些很富有的人覺得自己不夠富有，依然想方設法，想擁有更多。人們對自己的不滿有時無窮無盡，有時毫無道理。

一個人的心靈主宰着他的思想、行為、精神和情感，也決定着他怎樣看待自己和這個世界，以及如何與這個世界相處。人心本來是自由、快樂的，但在現代這個物質極度豐富的時代，人的心靈也容易被「物化」。物質、外在標準和價值，左右了人們的喜怒哀樂，控制了人們的心靈，無盡的欲望使人們活得壓抑、疲倦和功利。

焦慮比實際缺乏更使人顯老、顯醜，欲求不滿比現實問題更無法解決——你解決的不是真正的問題時，問題永遠也無法被解決。很多人就是在緣木求魚。其實，年輕就顯年輕，自信就顯自信，你先愛自己就有人愛你，你覺得自己富足你就是富足的，你覺得自己不行就很難真的行。解決人們的焦慮，使人正確地認識自己，這才是解決真正問題的第一步。

那位瑜伽老師她一直是她，以前自卑的她是她，現在自信的她也是她。她沒有變，變的是她對自己的認識。與其說是她變好了，別人對她的看法改變了她對自己的看法，不如說是她終於看見自己本來的美好。

很多人問過我，瑜伽是什麼？

有的說是一種修煉方法，有的說是一套哲學體系，我更願意說，瑜伽是一種生活方式，一種發現自己、接納自己、感恩自己，認清生活、接納生活、感恩生活的生活方式。

當然，瑜伽練習可以使身體變得更舒展、更柔美、更強韌，讓人陰陽平衡、剛柔共濟。修習瑜伽，你身體缺乏的，練習可以幫你補足。比如你「陰柔」的話，瑜伽練習就給你點兒「陽氣」；你「陽盛」的話，瑜伽就給你點兒「柔美」，最終達成一種身體內在的平衡。瑜伽是一種自己跟自己溝通的最適合的方式，通過覺察身體各個部位，覺察自己、接納自己、調節自己，讓自己變得自信，從而從容去對待自我和這個世界。

練習瑜伽，我們會發現自己原來還可以，而不再去糾結種種不滿意。對瑜伽最好的修習，就是把在墊子上的這種覺察，帶到我們日常生活當中，就會帶來人際關係的平衡、生活的平衡，直至自己和這個世界相處的平衡。

感恩自己

我們每個人都是很美好的，只是每個人美好的呈現方式不一樣，就像術業有專攻，每個人都有屬自己獨特的美好、優勢，我的專攻是孕產瑜伽，你的專攻可能是財務、是醫護、是手工、是文學、是持家……可是有些人每天都追求着不是自己專攻的那一面，並且因此忘掉了自己的專攻，覺得自己哪哪都不好，這都是錯誤的焦慮。

生活忙忙碌碌，很多人不知道自己在忙什麼、在追求什麼，偶爾夜深人靜時想到自己好像還一事無成的樣子，於是，對自己不滿，對伴侶不滿，對家庭出身不滿，對生活哪都不滿。被這樣的心態綁架的人生，不管你真實情況怎麼好，都會越來越覺得痛苦難忍，生活毫無意義。你需要做的是，深呼吸，覺察當下的呼吸，察覺當下的身體，接納自己，找回理智，解放心靈。

我們都是平凡的人，像鹽一樣平凡，但是也像鹽一樣珍貴。你接納自己，美就來了。修習瑜伽的人更美好，不是因為瑜伽讓你變得更美好，而是瑜伽讓你找到了你內在本身的美好。

做你自己，就很美好。

人生的全部都很美，瑜伽讓我們即使身處貧瘠，也能發現幸福，在幸福時感恩幸福。

瑜伽大師艾揚格（B. K. S. Iyengar）説，瑜伽體式有 3 個層次的探索，外部探索是為了身體堅實，內部探索是為了智力穩定，最深入的探索，是為了心靈仁慈。我們每次學習的最後一節課，就是感恩課，在本書的最後，我們也為自己上一次感恩課：

請將小腿交叉坐，胸口提起，身體打開，雙手掌心朝上放在腿上，調整骨盆，左右動一下，找到一個自己最舒服的姿勢。慢慢地閉上雙眼，嘴角上揚，帶着愛意微笑。當你的雙眼閉上，就不再受外界的任何干擾。

每次練習的最後幾分鐘裏，都請給自己一點兒時間，跟你的身體，跟你的意識，跟你周圍的能量，身邊的同伴、家人與孩子，做一個連接。

感受一下你此時的存在，感受一下你周圍能量的流通，感受一下房間裏充滿着的愛和被愛。

保持自然、順暢的呼吸。感受你此時的心念，感受你此時的身體，試着不要再對自己有太多的苛刻和責念，試着不再去計較你的功過與得失，放下所有的壓力，放下所有的評判，也放下所有的期待。你只是停在這裏。讓你的骨盆和根基變得更加穩健，讓你的脊椎一節節地打開，讓你整個人變得越來越舒暢、高挑；讓你的胸口往上提，讓你的心房遠離肚臍，讓心真正打開，試着用你的心去看一下你的心。看一下你的心在此時是否變得越來越柔軟，越來越溫暖，也越來越美麗。

掃碼聽語音
跟隨冥想

相由心生，境隨心轉。如果你的內心能夠真正柔和下來，你的面相也自然會變得越來越柔和、越來越美麗。一切的外境，也會隨着你內心的改變而變得越來越順利。你是一切的根源，你期望外人和外境如何對你，你就要先這樣去對待這個世界。慢慢地呼吸，希望你能夠真的發覺你自己。我們不需要向外求，你的美好不是外人給你的，不是專業給你的，而是當你能夠真正覺察你自己的時候，你會發現你就是美好本身。

請你學會去愛自己。不管在你的生命當中，在你的家庭和生活當中，在你的工作當中，你認為你是否重要，你都是這個世界上無法替代的存在和個體，你是最美麗的，你是最完美的，你是最值得被愛的。而你也擁有所有愛別人的能力。

學會再次接受你自己，放下過去別人和自己對自己的評判，那都是不真實的。此時的你，才是最真實的。

此時的你，有一個健康的身體可以坐在這裏，雖然房間可能擁擠，但也足夠你完成這些伸展和練習。雖然空氣可能不是你想要的那麼清新完美，但是我們有順暢的呼吸。雖然你還有很多內心需求沒有被滿足，可是我們有健全的身體。我們能夠坐在這裏，有體會、學習的機會和能力，我們就是幸福的。請學會接受這種幸福，請學會感恩這種幸福。接受和感恩之後，你才能更好地愛這個世界，愛這個社會和你自己。記着，你就是美好本身。

宇宙最大的一個能量原則就是它是圓的。你是什麼，你所給予的一切，最終都會原封不動返回，再回到自己身上。所以不要吝嗇你的溫暖、你的美好，也不要吝嗇你的專業、你的慈愛，大膽地去愛自己和他人。信任自己，從此時開始愛和幫助來到你身邊的每一個人。

繼續保持自然的呼吸，覺察當下的自己，保持你骨盆的穩定，保持你脊柱的中通正直，讓能量到達你身體的每一個部位。打開你的雙眼和雙手，去擁抱身邊的人吧。當你的內在慈悲生起，你就會越來越是你想要成為的樣子。你的樣子，就是你孩子的樣子。你想要你的孩子怎樣，作為媽媽你就要怎樣。

感恩自己。

·王昕說·

感恩自己，感謝我們自己為懷孕和分娩、為家庭所做出的所有努力。感恩身體，感恩心臟，也感恩孩子選擇成為我們的孩子，感恩家人、同伴、老師對我們的陪伴和教養，感恩世間所有的善知。

我們已經擁有優於這個世界上很多人的幸福，我們要感恩這種幸福，在瑜伽墊上，也在生活中，帶着這種感恩生活，你將越來越是你想要成為的樣子。

後記

一切為了母嬰健康

P O S T F A C E P O S

24歲，我從醫院辭職，決心以瑜伽為自己的職業，一年後，我開始專攻孕產瑜伽，決定把它作為終生的事業來做。

進入孕產瑜伽領域，純屬機緣巧合。

沒有從醫院辭職時，我是一名護士，兼職做瑜伽老師。當年有個區衛生局，想找有醫學衛生知識的瑜伽老師給他們錄一個內部示範教學視頻，我就去拍了。那是衛生局內部網站的節目，沒想到拍完示範教學視頻半年後，就有母嬰機構找我做他們的孕產瑜伽老師。那時候我初生牛犢不怕虎，雖然還有很多不懂，但是邊教邊學，遇到問題，就厚着臉皮請教以前醫院婦產科的專家老師們。

一個人一個人地教，一點一點地積累實踐經驗，有第一個學員就有第二個，當我教到20多個孕婦的時候，我就越來越想好好地教孕產瑜伽。來學習的媽媽們在我很簡單的幫助下，身體、生產都能舒服、順利，那如果我可以做得更好呢？

那時候一周只有一節課，趁着空當，我開始找會孕產瑜伽的老師學習。當時國內的瑜伽市場剛開始興起，孕產瑜伽根本沒有人可以指導。我幾乎試遍了國內老師的課。感謝我的醫學基礎知識，有的課聽一會兒就知道種種問題：不安全的體式、違背醫療常識的知識……我就走了，換下一個試。孕產瑜伽，媽媽和孩子的安全一定也永遠是第一位的！這是孕產瑜伽最基本的職業要求，也是目的——我們所做的一切都是為了母嬰健康。

我開始看國際上瑜伽運動更普及、更日常的歐美國家老師的課程，他們也沒有專門針對孕期的孕產瑜伽體系，有的只是孕期可以練習的瑜伽。我還是去了美國、印度學習，學習他們的實踐經驗，充實我的瑜伽體系。回國後，再根據我的教學經驗和我們中國媽媽的特質，調整、融合成適合我們體質、習慣的課程內容。越來越多的孕媽媽跟我上課，看着她們因為孕產瑜伽的練習，生產順利、疼痛減少、恢復良好，一個一個變得越來越自信、美麗，我高興、自豪，有種特別的幸福和成就感。

我是山東人，山東人骨子裏有種敢幹、耿直、倔強的衝勁兒，我既然做就想要做到最好，要對得起來學習的孕媽媽的信任，唯有不斷學習，繼續教學，才能回報這份幸福感和成就感。我開始常常出去學習，一出去就是 10 天左右，然而一般孕婦能練習孕期瑜伽的時間只有五六個月，我走了就要停課，錯過了，珍貴的孕期時間是沒有辦法補回來的——找不到老師代課，別人要麼不會，要麼不敢——不敢其實也是因為不會。沒有人教我的學員，我學習就特別不踏實。怎麼才能找到別的老師來幫我，不停課且對孕婦負責呢？

2010 年，我開始做孕產瑜伽老師的培訓。把我的知識和經驗分享給其他瑜伽老師，就可以有人代課啦。

我把我孕產醫療的知識、孕產瑜伽教學的知識和經驗，全部寫下來，編成教案，拿給不同的婦產科大夫看，讓老師們指導、改正後，開始作為培訓教材。剛開始上培訓課，只有兩三個人，慢慢有 7 個人就很不錯了，後來因為教學質量、口碑好，人多了起來。教着教着，我在瑜伽圈子開始小有名氣。

2012 年，我剛剛 30 歲，單身，沒有結婚、沒生過孩子，因為常年運動，人也顯年輕、稚嫩，卻因為教孕產瑜伽小有成就。那時候我受邀參加一個國際級的瑜伽大會，別人還是會有偏見。不管我的專業經驗怎麼樣，大家都只覺得你不過是個小孩子，還太年輕，看到我和我的專業就會問：「你的優勢在哪裏？」潛台詞就是，你沒有結婚生孩子，更沒有孕產經驗，你憑什麼能把孕產瑜伽做好？

我從來都嚴肅回答：我喜歡瑜伽，當我發現孕產瑜伽真的可以幫助到孕產期的媽媽們時，我更喜歡了。雖然我沒有生過孩子，但是我教學嚴謹、專業。我學過醫，我可以諮詢很多醫療界的朋友和老師，使我的孕產臨床知識更紮實；我學過各種各樣瑜伽的課程，我擅長利用它們豐富我的教學內容、我的孕產瑜伽體系。

雖然大家都是好意，帶着好奇來提問，被問得多了，我也受挫，但是我願意學習、願意豐富我的知識體系啊。當時，我心裏就默默發下大願：我一定要變成最好、最專業的孕產瑜伽老師，我要讓我的學生感受到我是這個領域最全面、最好的老師。我把它記在心裏，並且一直向着這個方向努力。

術業有專攻，每個人都有他的局限性，但不斷學習，就能打破局限性。

我一邊教學、培訓，一邊不斷地出去學習、練習。去美國、印度、歐洲各國，既學習瑜伽知識，也學習醫學知識，參加各種前沿科學、醫學和運動學的大會……

不管工作，還是學習，我常常出差。我媽媽，一個山東老太太，看見我打包就會直接問：「你是去花錢還是去掙錢？」去學習，有些國外的課程特別貴，兩三天光學費就幾萬塊。去上課，不管是培訓還是私教，我媽媽知道那就是去賺錢。

如果是去學習，我媽媽就難得地讚美我：「你已經很好了，什麼都會了，怎麼還去學習啊？浪費錢！」如果是去上課，她就不誇我了，會非常溫柔、和顏悅色地說：「好好對學生啊！別老大大咧咧的！」有陣子外出學習多了，總花錢，老被數落，我有一天認真跟她說：「媽媽，你看着我是去花錢，但是，我花了幾千或者幾萬塊，學了別人好幾十年的經驗，少走了十年、幾十年的彎路呢！國外好多 70 多歲的老太太，是母嬰方面的專家或者孕產方面的老大夫，還滿世界飛地出差講課呢。媽媽，我跟她們學，你說值不值？」老太太想半天：「也值。」歇了也就一秒鐘接到：「但還是挺貴的。」

但真的值得。

自從我 30 歲發大願，要做中國最好的孕產瑜伽老師，迄今又過去了 6 年，這 6 年，即使結婚、生子，我也一直在這條路上努力着，沒有停歇。我們每次培訓教學，口號都是「一切為了母嬰健康，我們永遠在一起」。

POSTFACE POS

我不敢說這個領域沒有人做得比我好，但我一定是最用心、最認真的。我們專攻孕產瑜伽的教學和培訓，大量的孕婦來上課，實踐實戰，積累出符合中國女性最正確的經驗和知識，解決實際的問題，幫助媽媽們成為自己想要的樣子。

成長從來沒有捷徑，只有通過不斷地教課來實現。成績也從來不只屬一個人，而屬所有的參與者。從我開始做孕婦的私教課，到做孕產瑜伽的教學培訓，迄今為止十多年過去了，要感謝很多人的信任和支持。

最感謝的，是第一批跟我學習的孕婦學員和第一批跟我學習孕產瑜伽的瑜伽老師。回想當年，我還是稚嫩、不成熟的，和現在比有很多局限、不夠專業，但是感謝她們一直信任我，跟我學習。後來她們其中有一部分人又回來了，不斷地跟着我的學習來學習，跟着我的成長而成長。非常感恩她們的信任和陪伴，沒有她們，就沒有現在專業、全面的我和「昕孕瑜伽」。

具次，很感謝我媽媽，我生完孩子後還能繼續上課，都是她在幫我照顧孩子，解了我很多後顧之憂。雖然她脾氣不太好，但是我非常愛她。

還要特別感謝我老公——金先生。不管我怎麼樣做，他都特別支持我。他不會認為我忙於工作，就不是一個好太太、好媽媽。他看到我上課，認為我的事業是「造福子孫後代的事兒」，所以他全力支持我。唯一讓他不高興的，是他認為我講課太多、太辛苦，生病、不舒服時，他會心疼。

他心疼的表現就是生氣、數落我：「不許去講課了！」我非常感謝和愛他。

我更感謝我的兩個孩子，他們不嫌棄我這個媽媽有很多不盡如人意的地方——脾氣不太好、陪伴有點兒少，他們讓我當他們的媽媽，他們讓我的人生變得豐富，讓我經歷了孕產的一切困難，帶着這些困難經歷，我可以更好地教學生。

感謝協和這個大平台，感謝很多醫護人員給我的幫助。特別感謝中國婦幼保健協會的宋嵐芹副秘書長，把我介紹給全國的醫護工作人員。特別感謝來到我課程當中的和即將來到我課程當中的所有婦產科的醫護工作人員，他們的正確影響是遠遠大於瑜伽老師的，他們正確的學習和知識傳播，可以促進整個行業和整個社會的發展和認知提升。就像中國婦幼保健協會第九屆年會的口號一樣，「母親強，兒童強，國家強」。感恩，也期待大家都能為了母嬰健康多出一份力。

大健康時代，知識改變時代，運動改變基因。全社會多多關注孕產瑜伽，就會讓孕產健康從小種子長成參天大樹，大樹底下好乘涼，未來無數後代的健康靠它蔭庇。

感謝所有學習孕產瑜伽的老師，希望大家都帶着愛和責任從事這個行業。感謝每一個讀完這本書的讀者，希望想要寶寶的育齡女性都好好生、好好美，闔家幸福。

母親強，兒童強，國家強。這條路很長，希望你陪我一直走下去。

產後瑜伽　重塑體態美

作者
王昕

編輯
簡詠怡

美術設計
鍾啟善

排版
辛紅梅、何秋雲

出版者
萬里機構出版有限公司
香港北角英皇道499號北角工業大廈20樓
電話：2564 7511
傳真：2565 5539
電郵：info@wanlibk.com
網址：http://www.wanlibk.com
http://www.facebook.com/wanlibk

發行者
香港聯合書刊物流有限公司
香港新界大埔汀麗路36號
中華商務印刷大廈3字樓
電話：（852）2150 2100
傳真：（852）2407 3062
電郵：info@suplogistics.com.hk

承印者
中華商務彩色印刷有限公司
香港新界大埔汀麗路36號

出版日期
二零二零年一月第一次印刷

ISBN 978-962-14-7176-5